UP
STANDARD
STYLE
업스타일 정석

김 환 · 장선엽 · 이현진 공저

光文閣

Preface

헤어디자이너는 불특정 다수의 많은 사람들에게 누구나 공감할 수 있는 아름다운 연출 감각을 갖춰야 한다. 본서는 헤어 전문가로서 가져야 할 조화로운 헤어조형을 위한 조형의 원리와 형태, 패턴, 기법을 제시하고자 한다. 또한, 디자이너의 직관적인 감각으로 표출될 수 있는 능력! 감성에 대한 이성적이고 논리적인 접근! 그리고 아름다운 헤어스타일 연출에 자신감을 갖는데 도움이 되기를 바라는 저자의 마음을 담아 출판하게 되었다.

업스타일이 안 되는 이유는 핀 꽂기와 백콤 등의 기술문제의 문제라기보다는 어떠한 형태가 고객의 이미지와 어울리는지에 대한 이해 부족이 자신감 없는 작업으로 나타난다. 아름다운 스타일이 되기 위해서는 스타일이 갖는 조형에 미치는 요소들에 대한 성질을 파악하고 디자인에 활용할 근거를 가져야 하며 어떻게 하느냐에 앞서 어떠해야 되는가에 대한 이해가 필요하다. 업스타일은 다른 작업보다도 손을 도구로 연출되기 때문에 완성도를 위해서는 이성과 논리뿐만 아니라 몸에 익힌 좋은 습관적인 동작으로 나타나야 한다. 본서에서는 업스타일에서 요구되는 기본 테크닉과 자세, 동작을 서술하였고 업스타일이 이루어지는 패턴과 기법을 통하여 다양한 업스타일 연출의 발판이 되는데 도움을 주고자 했다.

헤어는 인간의 신체의 일부인 모발을 이용하여 얼굴을 대상으로 보다 아름답고 보다 더 세련된 이미지를 만들어내는 작업이다. 따라서 헤어스타일은 얼굴을 배제하고 생각할 수 없으며 헤어디자이너는 헤어스타일을 예쁘게 작업하는 사람이 아니라 헤어를 통하여 얼굴을 예뻐 보이게 하는 사람이라는 것을 본서를 통하여 인식할 수 있기를 기대한다. 더불어 연출 과정에서 모발이 나타내는 성질과 형태가 갖는 조형성, 얼굴에 나타나는 심미성을 파악하여 헤어전문가로 심미안을 갖는데 본서의 의미를 두고자 한다.

끝으로 이 책의 출판을 위해 애써 주신 광문각출판사 박정태 대표님과 임직원 여러분께 감사드린다.

2013. 3 저자

C O N T E N T S

I 업스타일의 디자인

II 도구와 베이직 테크닉

III 땋기의 이해

IV 실전 업스타일

I 업스타일의 디자인

디자인의 욕구과정, 조형과정, 도구(재료)과정, 기술과정의 단계를 거쳐 물질들에 의해 형태가 이루어지는 것을 조형이라 한다. 디자인이라 하는 것은 헤어스타일을 완성하기 위해 고객의 욕구와 이미지를 파악하여 계획하는 것을 말하는 것이고, 시술에 들어가서 완성 단계까지는 엄밀히 말해 디자인이기보다는 기술인 것이다. 머리 모양에 있어서 다양하게 그려 볼 수는 있어도 스타일이라고 하는 조형의 결과는 하나로 나타난다. 따라서 어느 쪽을 선택하여 표현하느냐는 매우 중요한 것이다. 또한, 기술적인 요소는 잘 되었다고 생각되지만 왠지 멋들어지지 않은 것은 밸런스가 맞지 않는 조형의 문제이거나, 고객의 이미지를 정확하게 파악하지 못한 데서 기인한 부조화일 것이다. 이것은 살롱에서 업스타일이 차지하는 비중이 작은 탓도 있겠지만 지금까지 디자인에 대하여 그렇게 심각하게 생각하지 않아 왔고, 상대적으로 비약적인 발전을 거듭하는 커트나 펌, 컬러에 비교하면 아직도 더딘 발전의 한계를 벗어나지 못한 현실 때문이기도 하다. 특히, 업스타일의 디자인이 강조되는 것은 다른 메뉴얼에 비하여 뛰어난 조형감각이 요구된다는데 있다. 살롱에는 자신의 창조성을 무한대로 발휘할 수 있는 디자인력이 다른 메뉴에도 영향을 미치기 때문에 미용 전문가라면 흥미를 갖지 않을 수 없을 것이다.

이 장을 통하여 미약하나마 기본적인 디자인을 이해하고 기술자로서가 아닌 디자이너로서 격상된 미의 창조를 위한 기반과 예술 감각을 기를 수 있게 되기를 기대한다.

1. 고객 정보〈욕구 과정〉

업스타일을 시술하기에 앞서 대상(고객)에 대한 이미지 컨셉이 명확하게 그려지지 않는다면 아름다운 헤어스타일을 만들 수가 없다. 우선 고객 내외의 정보와 감성까지 파악하고 나서 어떤 점을 우선할 것인가를 상황에 맞게 설정한 후에 디자인이 이루어진다면 스타일의 완성도는 높아질 수밖에 없다.

○ 외부 정보

의상에도 때와 장소에 따라 격식이 있는 것과 마찬가지로 헤어스타일도 격식에 맞는 스타일로 디자인되어야 한다. 신부라 하면 일류 호텔이나 전문식장의 호화스런 분위기에 뒤지지 않아야겠지만, 그 친구들은 조연으로서 역할에 맞는 디자인에 따라야 한다. 결혼식 때의 올림머리가 마음에 들었다 해서 돌잔치 분위기에 그 스타일이 어울릴수 없는 것처럼 예쁘게 만들어진 스타일만 가지고 잘 되었다고도 할 수 없다. 이처럼 때와 장소, 분위기 그리고 의식 등에 따라 섬세한 판단이 요구되기 때문에 고객에 대한 정보를 정확하게 파악할 필요가 있다.

a. 우선 왜 머리를 하는가? 〈결혼식, 약혼식, 발표회, 잔치(파티), 모임, 면접 등〉를 알고 나서 b. 주연인가, 조연인가? 에 따라 주객이 전도되는 우를 범하는 일이 없어야 한다. 〈결혼식일 경우〉 신랑 측의 어머니, 신부 측의 어머니, 이모, 사촌, 친구 등의 역할을 살려야 하며 c. 의상은? 〈한복, 드레스, 양장 등〉 d. 장소는?〈야외, 교회, 식장, 호텔 등〉 e. 유행 스타일? f. 기타-날씨, 주야, 계절 등

○ 내부정보

인간은 발소리만 들어도 구분이 가능할 정도로 천차만별의 차이를 갖고있는 만큼 정확한 특성을 찾아 내어 디자인의 기초로 삼을 수 있어야 한다.

a. 모발의 조건 – 길이, 탄력, 모량, 커트, 웨이브, 목선 상태 등
b. 체형, 얼굴형〈전면과 측면〉, 연령, 이미지, 개인의 스타일과 취향(희망 스타일) 등

헤어스타일에 따라 모델의 이미지는 변한다.
따라서 디자이너는 내외부의 정보를 파악하여 고객에 맞는 스타일로 연출할 수 있는 컨셉을 잡아야 한다.

2. 조형과정

1) 얼굴형에 맞는 디자인

커트가 감소시키는 미학이라면 업스타일은 더하는 미학이라 할 수 있다. 디자인에 따라 양감을 넣어 연결하고 넓게 펴거나 또는 헤어 피스를 사용하여 모발의 분량을 보충하기도 한다. 극단의 예로 업스타일의 디자인은 조형적으로 실루엣에 문제만 없다면 얼굴형에 따른 크고 넓게 한다고 생각해도 어느 정도 가능하다. 그러나 누가 보아도 예쁘다고 할 수 있는 디자인에는 일정한 법칙이 있다. 그 법칙을 얼굴형과의 관계에 두고 해석한다.

○ 볼륨

부풀어진 볼륨의 크기가 차지하고 있는 정도에 따라 구성되어진 미(美)는 업스타일을 하는데 있어 빠질 수 없는 조건이다. 볼륨에 따라 디자인의 실루엣이 결정되고 또 전체와의 조화가 달라지기 때문이다. 이것은 실루엣이라는 평면에서 입체화되어지는 면의 양을 의미한다. 그 면의 양, 즉 입체화된 볼륨은 얼굴형에 맞추어 분위기를 강조하고 결점을 커버하는 각각의 효과를 갖고 있다. 이러한 효과를 위해 어느 정도의 볼륨을 주면 될것인지 명확하게 판단해야 할 것이다.

○ 볼륨의 크기와 그 효과

볼륨은 얼굴과의 조화, 크게 보면 전신과의 조화를 이루는 미적 감각이 나타나면서 볼륨을 넣는 방법에 따라 그 얼굴형의 효과가 유동적으로 여러 가지의 다른 인상과 분위기를 낸다. 둥근 모양, 홀쭉한 모양, 안정감을 갖는 모양 등 각각에 조화시키는 것에 따라 개성 있는 스타일로 만들어 낼 수가 있다.

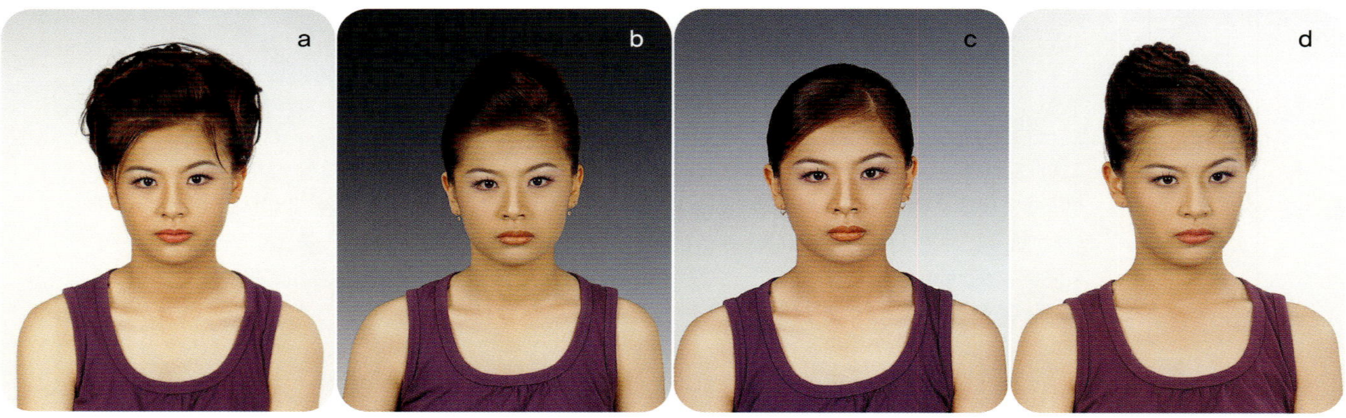

a. 볼륨을 가로, 세로, 평균으로 해서 둥굴게 연출하면 그 양감은 얼굴형을 부드럽게 나타내고 얼굴의 여유로움을 줄 수 있다.
b . 볼륨을 얼굴 폭보다 좁은 중심으로 모발을 모아 높게 표현하면 수직 힘의 작용으로 대단히 좁고 샤프한 얼굴형으로 표현된다.
c. 두피에 볼륨을 눌러 헴라인에 따라 형태를 만들면 모발의 분량이 얼굴 면적보다 작게 되고 대상이 되는 얼굴은 큰 느낌으로 표현할 수 있다.
d. 톱에서 측두부에 걸쳐 극단의 볼륨을 넣으면 대비적으로 얼굴의 면적을 좁아지게 한 것 같은 착각을 일으켜 얼굴을 작아 보이게 한다.

볼륨의 상태와 그 효과

같은 볼륨의 상태라도 질감의 차이에 따라 그 효과는 크게 변한다. 질감이 깔끔한 슬리크(sleek) 느낌으로 할 것인가, 비정돈성을 갖는 샤기(shaggy)로 할 것인가에 따라 헤어스타일의 분위기가 다르다. 이것이 변화를 넣는 표현법이다.

a. 볼륨상태가 아웃라인에서 깔끔한 면으로 마무리 되어 안정감 있는 인상이 얼굴을 어른스럽게 보이게 한다.
b. 볼륨의 크기가 같으면서 그 윤곽에 있어 모발 끝의 운동을 갖게 구성했기 때문에 리드미컬하고 경쾌한 인상을 머리형에서 받을 수 있다.

프런트에서 본 볼륨

업스타일은 상하 좌우의 폭(볼륨)이 한 눈에 보이는 미적 판단의 지배적인 인상을 형성하기 때문에 신체의 비례를 근거로 한 등신법(等身法)을 기본으로 최대, 최소의 폭을 제시한다. 그렇다고 이 기준보다 높거나 낮다하여 안된다하는 것은 아니다. 볼륨은 시대적 감각이나 유행에 따라 호감도가 변화하지만 밸런스가 맞지 않을 때에는 밸런스를 배려한 다른 뭔가가 있어야 한다. 거울에 비치는 헤어스타일이 예쁘다하여 대상의 밸런스를 무시한다면 그 스타일은 실패이다.

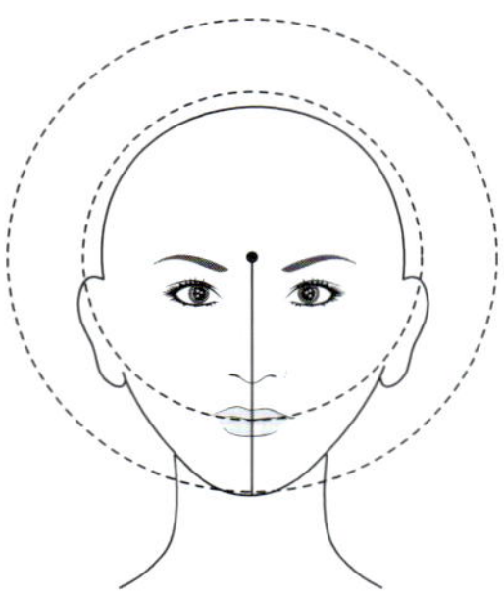

프런트의 최대 최소

프런트의 볼륨 한계

- **최대한의 볼륨 :** 미간에서 턱까지를 반경으로 해서 원을 그린 선 내를 말한다. 볼륨의 한계는 일단 미간점을 기준으로 최대한의 볼륨을 어느 쪽으로 이동시키더라도 조화가 이루어진다.
- **최소한의 볼륨 :** 미간에서 윗 입술선까지를 반경으로 해서 원을 그린 선 내를 말한다. 최소한의 볼륨의 한계는 그 실제의 디자인상, 거의 모발의 볼륨이 보이지 않은 상태이다.

사이드에서 본 볼륨

사이드의 헤어디자인은 아름다움을 좌우하는 결정적 요인이 된다. 사이드 디자인이 아름다운 조화를 얻지 못한다면 완전한 구성이라 할 수 없다. 이것은 얼굴의 입체감과 모발의 볼륨이 조화를 이루면서 아름다움을 살리기 때문이다.

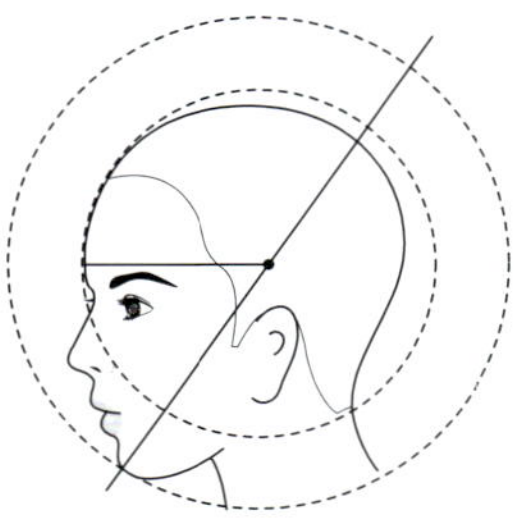

사이드의 최대 최소

사이드의 볼륨 한계

사이드에서 허용된 볼륨의 한계는 프런트와 같이 지극히 일반적인 기준이다.

- **최대한의 볼륨 :** 턱과 두정부를 연결 사선상에 두고 미간 위치를 수평으로 이동시켜 생긴 교차점에서 턱까지의 길이를 반경으로 하여 그린 원내를 말한다.
- **최소한의 볼륨 :** 미간 위치의 이동점부터 윗 입술의 위치 이동점까지의 길이를 반경으로 한 원내를 말한다. 이것은 대단히 샤프한 이미지를 준다.

○ 측면의 길이와 각에서의 분류

미용 조형에서 디자인력을 높이기 위해서는 육면체의 유리 상자에 인두를 넣어 두고 여러 각도, 즉 전후좌우 그리고 사선 면을 각 방위에서 보고 생각하는 습관과 훈련이 몸에 배어 있어야 하며 생활에서도 디자인을 상상하고 실연(實演)해 보는 노력이 필요하다.

- **긴 측면형 :** 얼굴이 갸름하고 측면의 길이가 길면서 각이 크다. 또한 얼굴 중심이 위 부분에 있고 얼굴 전체의 윤곽이 강하다.(a) 이마에서 후두부의 길이가 긴 입체감이 강한 서구인의 특징을 갖고 있다. 헤어스타일은 뱅(bang)이나 시뇽(chignon), 포니테일(ponytail) 등 앞 또는 뒤를 강조한 디자인으로 하여 디자인의 주선을 측면 선에 두는데 이를 딥 타입(deep type)이라 한다.
- **짧은 측면형 :** 거의 갸름한 얼굴은 볼 수 없다. 측면의 길이가 짧고 각이 적으면서 얼굴의 윤곽도 약하다.(b) 스타일에서 딥 타입은 오히려 부조화 요인을 가지고 있어 전후로 강조하지 않고, 상방 또는 측방(좌우)으로 강조하고 보이는 점이 정면에 있다. 이를 프런탈 타입(frontal type)이라 한다. 외부의 특징을 찾아 조화를 내는 디자인이 필요하다.
- **중간 측면형 :** 디자인의 포인트가 없는 것이 아니라 부조화를 가져올 위험이 적은 타입이다.(c) 길이, 높이, 좌우 모두를 강조하는 머리 모양으로 무난하며 볼륨이 커야 한다. 거기서 인접관계에 있는 얼굴의 부분이 필연적으로 인상이 약해지므로 그 안에서 눈과 코가 약소화 되어 버리기 때문에 특히 눈이 작은 사람은 피해야 한다. 이를 컴파운드 타입(compound type)이라 한다.

〈측면각〉

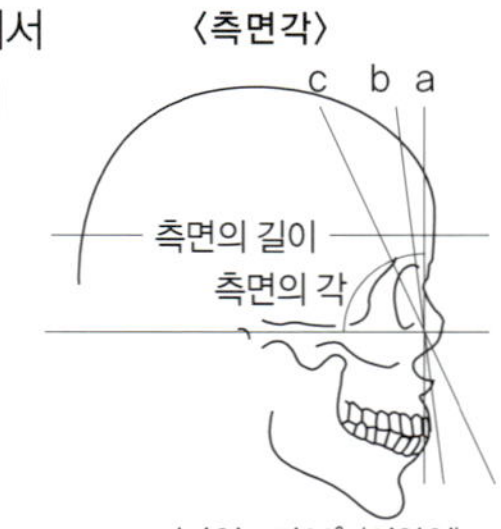

a. 딥타입 : 각90° (서양인)
b. 프런탈타입 : 각85° (동양인)
c. 각60。(침팬지)

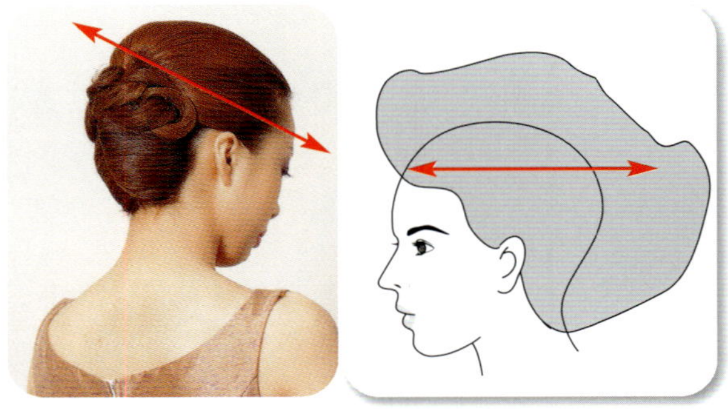

a. 긴 측면형

b. 짧은 측면형

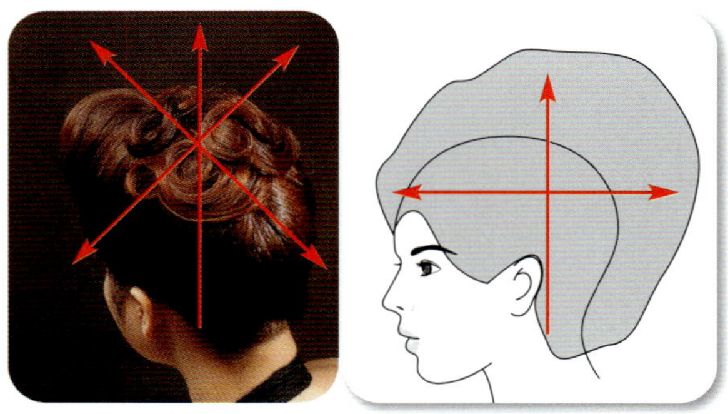

c. 중간 측면형

○ 구레나룻의 표정

구레나룻은 젊었을 때 일반적으로 짙고 길며, 확실한 모양을 띠고 있고, 중년 이후에는 옅고 짧아지며 모양이 희미해지는 경향이 있다. 이것으로보아 구레나룻의 상태가 연령과 관계가 있다는 것을 알 수 있다. 디자인에 있어서 젊음에 초점을 맞추는 경우, 구레나룻을 어떻게 다루며 그것이 어떻게 보여야 좋은지를 알 수 있다.

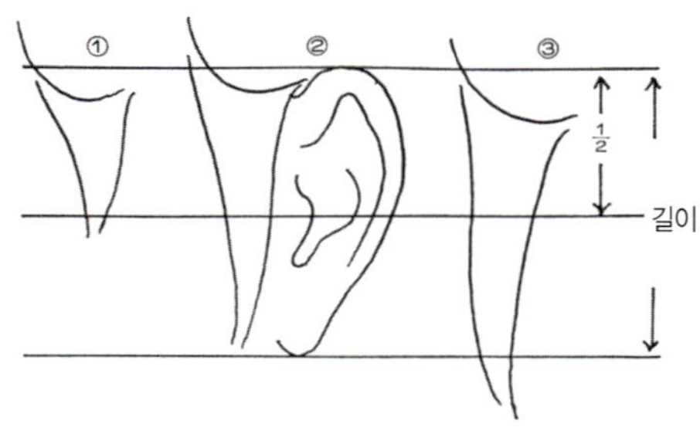

1. 귀의 중간까지 : 가장 일반적. 젊은 여성에게는 조금 보이쉬한 이미지, 활동적인 느낌, 야무진 느낌을 준다. 다만 너무 짧거나 흐트러지면 나이 든 인상을 준다.
2. 귀의 길이와 거의 같게 : 젊고 여성스런 매력이 있다.
3. 귀의 길이보다 길게 : 섹시한 느낌. 너무 길고 짙으면 천박해 보인다.

머리 끝이 향하는 방향과 표정에 따른 느낌은 두 가지로 분류할 수 있다. 즉 구레나룻의 끝이 귀의 앞에서부터 턱선을 향해 흐르는 표정은 기교적이고 적극적인 표정(a)이며, 귀의 앞에서부터 목선을 향해 흐르는 경우는 여성스럽고 우아한 표정(b)이다.

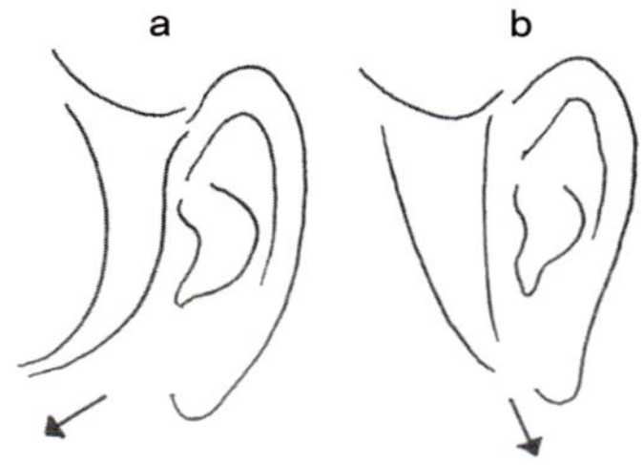

귀와 모발의 관계

귀가 감춰지는 헤어스타일은 어떤 효과가 있는 것일까?
일반적으로 귀가 감춰지면 어른스럽고 여성적이며 우아한 느낌을 주고, 귀가 노출되는 헤어스타일은 야무지고 활발하면서 남자다운, 일종의 긴장감을 유발하는 표정을 가지고 있다.

2) 조형의 시각 원리(이미지를 좌우하는 요인)

형태를 이루는 근원은 점이다. 점이 이동하는 자취가 선이고 그 선에 둘러싸인 평면을 형이라 한다. 그 형의 집합체를 입체라 하는데 이른바 형태를 이루는 조형물인 것이다. 인간의 역사는 조형의 역사라 할 만큼 이 모든 것을 조형이라 부를 수 있다. 이와 같은 형태가 어떤 시각적인 요소를 갖는가를 알아보자.

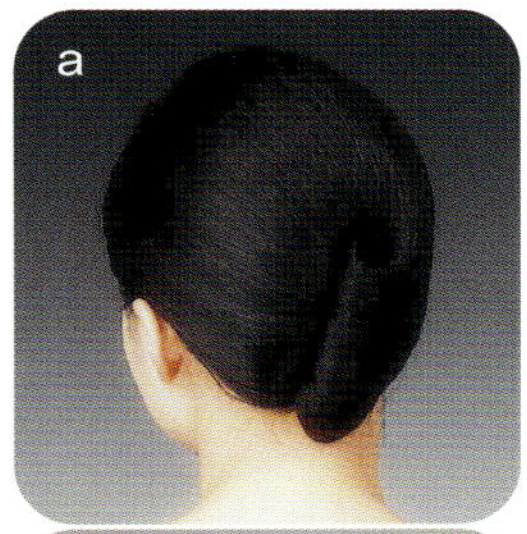

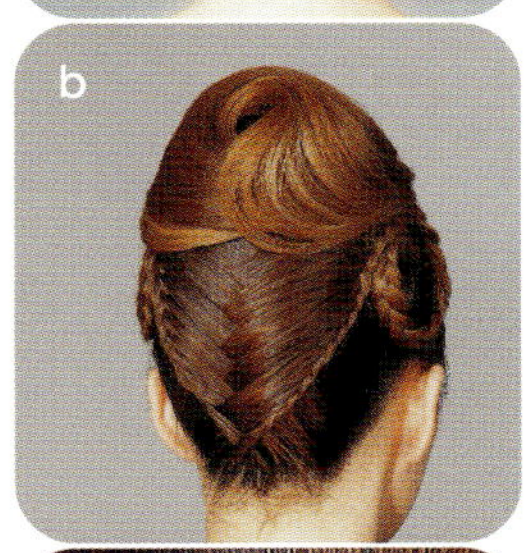

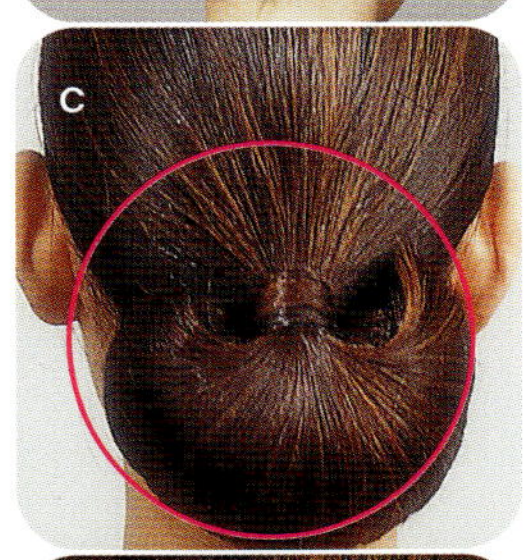

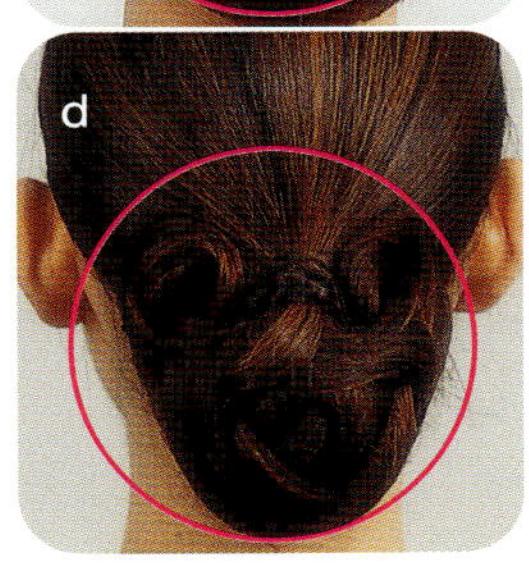

인지하기 쉬운 형의 상태

보는 사람에 대해 수직, 수평의 방향에 있는 것. 깔끔하게 정리된 형은 그렇지 않은 것보다 인지하기 쉽다. (a)

쾌적함을 느끼게 하는 조건

- **간결함을 강조** : 시각적으로 눈에 들어오지 않는 복잡한 형태는 쾌적한 느낌을 주지 않는다.
- **전체는 부분에 우선한다** : 부분 부분이 아무리 좋아도 전체적으로 효과가 좋지 않다면 쾌적한 형태라 할 수 없다.〈다수의 기술을 조합한 복잡한 디자인에는 깔끔하게 유지한다〉 (b)

통합(unity)

디자인은 전체적으로 통일된 연결이 없으면 아름답다 할 수 없다. 디자인에서 제일 중요한 것은 연결을 조직해서 계획하는 것이다. 무질서라는 것은 어떤 부분에서 예쁜 형을 유지하고 있어도 전체적으로는 아름다움을 표현해 내지 못한다. 이는 조형 세계뿐만 아니라 연극, 음악에서도 공통되는 기본이다. 거기에는 주와 종을 확실하게 하고 강조 부분에서 강약을 확실히 하여야 디자인에서 의도하는 표현을 나타낼 수 있다.

- **통일과 변화** : 통일이라는 것은 디자인에 있어 보는 사람의 관심을 집중시키는 단일적 인상을 주는 것이지만 지나치게 단일적이면 디자인의 흥미가 없어지고 미묘한 감각을 잃게 된다.(c) 따라서 디자인적인 흥미를 살려 내려면 다소의 변화를 갖는 것이 좋다.(d)

통일과 분류

디자인의 통일 방법에 있어 몇 가지의 기준으로 분류된다.

a. 선의 방향에 의한 통일 : 연속된 모발 흐름의 리듬에 따라 통일.
b. 형의 크기에 따른 통일 : 크고 작은 각각의 형태를 배치해서 아름다운 밸런스를 얻는 통일.
c. 주위를 끄는 힘에 의한 통일 : 강한 움직임과 방향을 강조해서 얻는 통일.

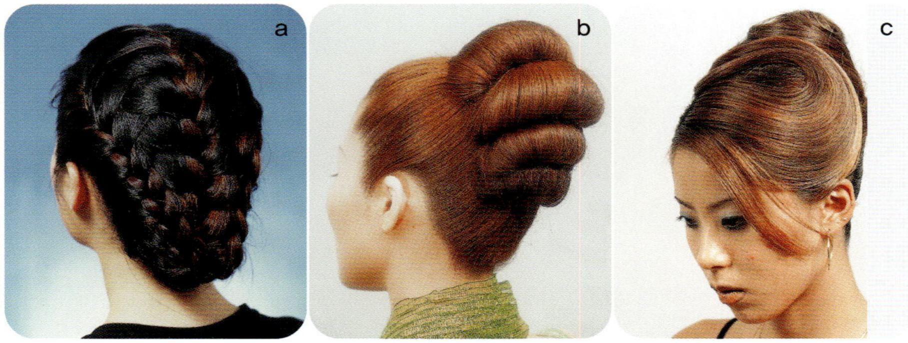

통일의 요인

a. 근접요인 : 흩어지고 분산된 모발을 한 장소에 정열시킴으로써 통합이 형성된다.
b. 유사요인 : 성질이 닮은 형태는 통합하기 쉽다.
c. 방향요인 : 동일한 방향으로 향해 가는 것도 통합을 느끼게 해주는 원인이 된다.
d. 폐쇄요인 : 윤곽을 확실하게 표현한 형태는 형의 인지가 완성되어 통합을 느끼게 한다.
e. 연속요인 : 연속된 웨이브나 브레이드 스타일(braid style)에서 연속된 질서는 통합을 강하게 느낄 수 있다.

균형(balance)

모든 형태는 심리적으로 힘의 지배를 받는다. 무겁고 가벼움을 느끼게 하는 것은 중심의 존재에 의해서 안정감을 갖는 것이다. 좋은 밸런스는 아름다움을 창조하는 중요한 미적 요인으로 상하, 좌우의 프로포션을 다르게 하면서 상호 안정된 상태를 유지하는 것을 말한다. 프로포션이 좌우의 시점이 완전히 같은 것에 비해 변화가 느껴지고 긴장감이 강해지는 원인이다.

• **밸런스 관계의 심리 :** 시각적 밸런스는 선, 형, 분량, 방향, 위치 등의 요소에 따라 여러 가지의 밸런스가 갖는 감정을 나타낸다.

a. 좌우 동형, 같은 양에는 힘이 중심에 있고 따라서 정적이면서 안정감을 갖는 동시에 보수적인 인상을 준다. 이 밸런스는 통일이 강하기 때문에 딱딱한 느낌이 되기 쉽지만 편안한 분위기에 좋다.
b. 좌우 같은 양으로 밸런스를 얻는 것과 달리 거리를 달리하거나 밀도를 달리하여 한쪽 방향에 균형을 잡는 것으로 대비적 요소에 따라 형태의 미를 강조해서 감각적인 운동감과 유연성을 얻는 균형이다.
c. 힘은 수평, 수직 방향으로 끌리게 된다.(끌리는 힘에 의해 밸런스가 잡힌다)

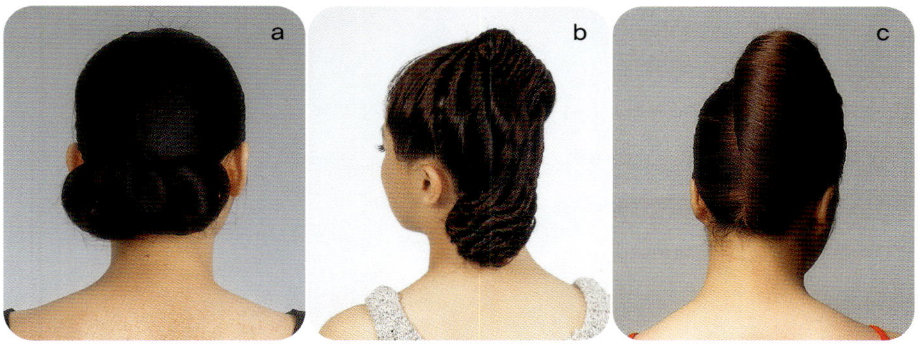

대칭(symmetry)과 비대칭(asymmetric)

신체가 현저히 경사를 띠게 되면, 사람은 '위험하다' 란 기분을 가지게 된다. 밸런스가 무너지기 때문이다. 밸런스는 물리적인 질서임과 동시에 심리적인 질서이면서 마음속의 안정감을 주는 요소로서 인간의 본능적인 감각의 이상을 느낀다. 이와 같은 물리적, 심리적인 질서원리가 디자인상에 어떠한 효과로 나타나는지 대칭과 비대칭을 통하여 살펴보기로 하자.

종이를 펼쳐서 잉크나 물감을 떨어뜨린 다음 그 부분을 접어 위에서 꾹 누른 후 펼쳐 보면 접힌 면에 같은 형으로 마주 보게 된다. 이와 같이 접은 면의 좌우가 같은 형이 되는 것을 좌우대칭(좌우상칭)이라고 한다. 접은 선을 수평의 위치에 놓고 보면 이번에는 좌우가 아닌, 상하 같은 형이 보이는데, 그 경우는 상하대칭이다. 또한 귤이나 레몬을 반으로 자를 때의 단면, 노틀담이나 샤르톨 대성당 등에서 보이는 대원형 스탠드글라스의 모양이 중심으로부터 방사상의 같은 도형을 나타낼 때 그것을 방사대칭이라고 하며, 지금까지의 모든 것이 대칭(symmetry)이라고 불린다.

대칭의 조형으로서 의미는 중심선에서 선이 서로 상응하면서 닮은 꼴인 두 도형이 중심점에서 같은 거리를 두고 짝을 이루는 것이다. 비대칭은 중심선의 상하, 좌우 또는 중심에서 좌우의 형이 짝을 이루지 못할 때를 가리킨다. 이는 인간의 몸이 좌우 같은 원리와 비교하여 생각할 수 있으며 이런 생리 감각(좌우 대칭, 수평, 수직 감각)의 질서가 대칭과 비대칭에 대하여 안정, 불안정과 같은 효과를 심리적으로 갖게 한다.

이와 같은 원리가 조형의 미적 효과로서 어떤 작용을 하는가 살펴보자.

● 대칭과 비대칭의 미적 효과

(1)대칭 : 통일 원리로서 작용하는 성질

a. 정돈성 : 엄격한 느낌.
b. 안정성 : 정적이면서 편안함을 느끼게 한다.
c. 정관성 : 조용하게 관찰한 상태에서 보이는 듯한 것.
d. 단　정 : 바르고 정리되어 있는 느낌.
e. 엄　숙 : 정숙하며 마음이 긴장되는 느낌.
f. 단순성 : 섞인 느낌이 없으며 복잡하지 않고 깔끔한 느낌.

(2)비대칭 : 변화 원리로서 작용하는 성질

a. 비정돈성 : 엄격한 느낌이 없고, 질서를 잃은 느낌으로 긴장을 완화시키는 효과.
b. 운동성 : 생동감. 활동성.
c. 복잡성 : 뒤얽히고 섞인 듯한 느낌.

○ 실루엣의 조형 밸런스

시각적인 효과는 형태 내에서 모양과 방향의 상호 작용, 즉 밸런스에 따라 이미지 전달이 다르다. 시뇽과 액세서리의 다양한 모양과 방향이 실루엣의 어떤 조형 밸런스를 갖는지에 대하여 상호 작용을 알아 볼 필요가 있다. 실루엣의 일부분을 차지하는 액세서리는 자체의 형으로 나타나려는 경향이 강하기 때문에 스타일과 조화를 염두에 둔다.

〈액세서리는 장신구로 한 액세서리, 헤어의 연장으로 한 액세서리 중 어느 쪽으로 선택 할 것인가를 결정하여 헤어와 액세서리의 밸런스를 맞춘다〉

● 대칭

좌우의 동형은 정적이면서 안정감있고 보수적이다. 높이 올라갈수록 개성적인 표현이 강하고 활동적이면서 적극적인 느낌과 샤프한 이미지를 주며 수직에서 힘이 느껴진다.

적극적, 정렬, 귀여움, 깔끔, 활동적, 귀품, 정돈, 단정, 긴장

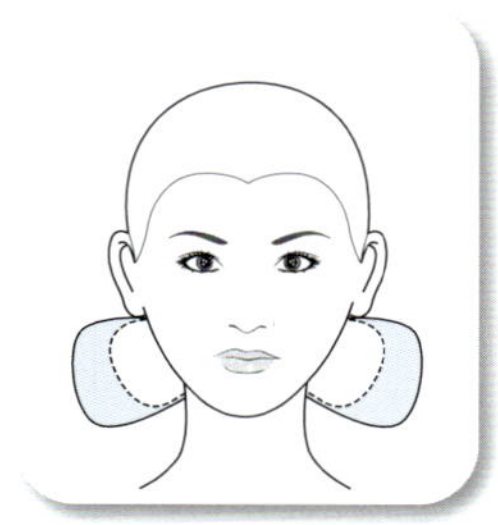

긴장, 안정, 엄숙, 정적, 정리, 평온

● 비대칭

같은 것이라도 밑으로 내려 오면 무겁고 위로 올라 가면 가볍게 보인다. 한쪽을 크게 보이게 하려면 상대적으로 다른 한쪽을 작게 한다.

감각적, 관능적, 긴장완화, 대담, 활동

○ 힘의 집합과 이동

브레이드(braid), 스트랜드(strand), 본(bone) 시뇽과 같은 형태는 주위와 구별이 확실하여 힘이 꽉 차있는 느낌을 갖고(a), 복수 시뇽에서는 서로 밀어내거나 당기는 듯한 힘으로 긴장감을 일으킨다.(b)

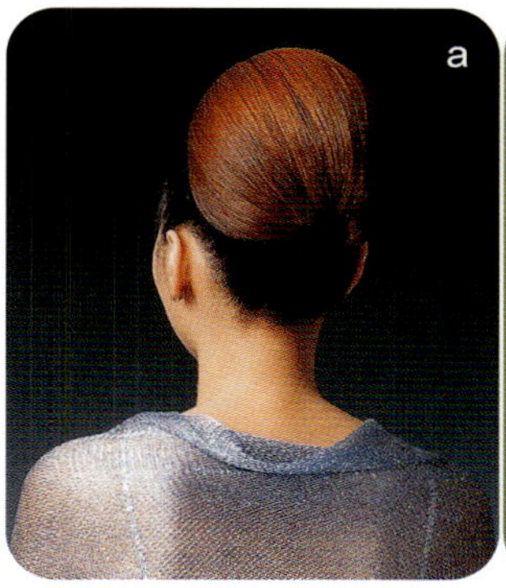
a

b

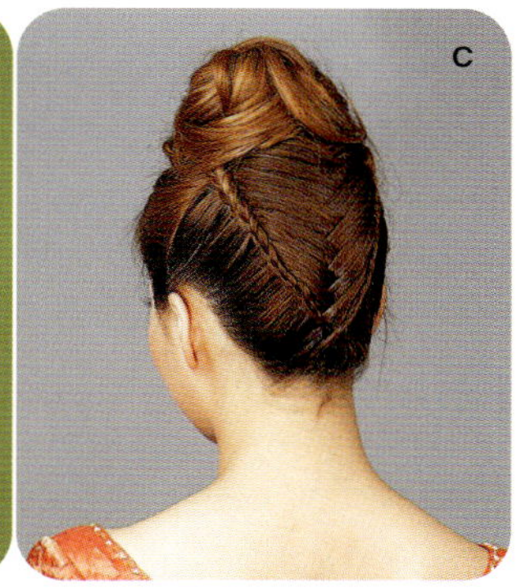
c

○ 강조(accent)

액센트의 심리적 효과는 보는 이로 하여금 긴장감을 주는 것이다.
단조로움과 산만한 속에서도 통일을 중점으로 디자인하게 되면 전체가 긴장감을 갖게 된다.(c)

d

e

f

○ 형과 영역

윤곽으로 둘러싸여진 영역을 형이라 하면 그 영역의 면적에 따라서 이미지는 달라진다.
형(영역)이 늘어서 있으면 다른 영역에 의해 비교되는 내용을 가지게 되어 강함을 느낀다.(d)

○ 형의 겹침

겹침은 반복으로 느껴지기 때문에 저항감을 주지 않으며 입체적인 깊이를 느끼게 한다. 또한 마음 속에서는 불안전한 것들을 교정하려는 심리가 작용하여 스타일을 시각적으로 보정할 수 있다. 같은 형을 적당히 겹쳐 놓으면 서로 관련을 가지게 되어 통합성을 느끼게 된다.(e)

○ 크기

크고 작다라는 것은 비교상에서 일어나는 시각상의 판단에 지나지 않는다. 작은 것이라도 더 작은 것에 비교해 보면 크게 보이고 , 큰 것도 더 큰 것과 비교하면 작게 느껴진다. 디자인에서 한쪽을 크게 하고 싶다면 한쪽을 작게 하거나 구심적, 원심적인 선의 표현으로 수축과 확장 작용을 통하여 크기를 달리 보이게 할 수도 있다.(f)

질감(Texture)

질감은 시각상 색과는 다른 안정감과 중량감을 나타낸다. 슬리크한 느낌은 정돈되고 샤프한 이미지를 주지만, 샤기의 느낌은 자유스럽고 편안하다. 브레이드 스타일에서 보면 성기게 땋는 것은 가까워 보이고, 조밀한 것은 멀게 느껴진다.

슬리크(sleek)

샤기(shaggy)

율동(Rhythm)

리듬은 연속적으로 반복되거나 점진적으로 변화하는 모양을 갖는 운동이다. 디자인을 보고 리드미컬하다 또는 리듬이 결여되었다고도 말하지만 헤어스타일의 경우 운동(movement)의 강약에서 반복의 모양이 느껴지고 연속 운동이 느껴지는 것을 리드미컬이라 한다. 반대로 운동의 강약, 반복의 모양이 불규칙적이거나 시각적으로 상쾌한 운동감을 느낄 수 없는 것을 리듬이 결여되었다 라고한다.

- **발전적 반복의 리듬 :** 한 부분이 다른 부분에도 영향을 미치는 리듬. 일정한 반복 리듬에 따라 발전, 이전하고 성장하며 큰 것에서 작은 것으로, 작은 것에서 큰 것으로 변화하면서 풍부한 이미지를 갖게 하는 것이 발전적 반복의 리듬이다.

반복리듬

발전적 반복리듬

조화(Harmony)

조화를 맞춘다는 것은 하나의 조형물에 있어 부분과 부분, 전체와 부분의 상호 밸런스를 유지하도록 묶어 안정된 상태를 만드는 것으로, 그 상관성에 따라 완성되기까지 과정을 안내하는 것이기도 하다. 조형물을 잘 관찰하면 그것은 여러 가지 부분의 집합체라는 것을 알 수 있다.

- **유사적 조화 :** 이 조화를 잡는 법은 일반적인 디자인으로 잘 보여지는 방법이다. 닮은 것, 또는 동질의 것을 맞추어서 조화시키는 방법을 주로 해서 그르칠 염려는 적지만, 그 반면 단조로운 느낌으로 인해 너무 성숙하고 어른스런 이미지로 흘러 버릴 수 있다.
- **대비적 조화 :** 이질적인 것, 대조적인 것을 찾아내어 조화시키는 것을 말한다. 자극이 강한 변화로 풍부한 조화를 연출하고 디자인에 있어서는 활기 있는 느낌을 갖는 대신에 혼란스럽다거나 스타일을 그르칠 수 있는 단점이 있다. 면과 시뇽이 대비되는 헤어스타일에서 많이 볼 수 있다.

유사적 조화

대비적 조화

3. 디자인을 구성하는 요인

1) 점(Point)

점의 크기

헤어스타일에서의 점은 포인트를 의미한다. 사인펜으로 찍은 작은 점들은 점의 집합이라는 느낌을 주지만 큰 원형의 형태를 가진 한 점은 사각(주변)의 면적과 균형(조화)에 따라 점이라 할 수 없게 된다. 실제로 상당한 크기를 갖는 물체라도 큰 전체에서 보면 점이라는 인상을 받게 되는 경우가 있는데, 우주라는 큰 천체에서 봤을 때 달, 지구, 은하계 모두가 점이라 할 수 있는 것이 그것이다. 또한, 점들의 집합에서 점보다는 형태의 성격을 강하게 가질 수 있다.

점의 효과

- **하나의 점 :** 한정된 평면 속에 점이 하나 있는 경우, 그 점에 집중적인 운동감이 느껴지고, 주위의 공간에 긴장감을 주는 효과가 있다. 어느 한 부분을 강조하는 것에 따라 그 전체의 디자인 구성에 변화를 가져오고 죄는(긴장)듯한 효과를 낸다. 예를 들면, 시뇽에 심플한 실루엣으로 강조되는 한 점을 만드는 것이 전형적인 점 효과이다. 단 모발 흐름의 종착점에 포인트가 있는 경우는 점을 향한 모발 흐름을 실루엣 작업이 중요하다. 스타일에서 점은 반드시 흐름을 파생시키기 때문에 이와 같은 법칙이 생겨난다.(a)
- **두 개의 점 :** 한 점에 주의력이 집중되어 있는 것에 비하여 그 주의력이 두 개로 분산된다. 그러나 점과 점의 사이에는 심리적인 긴장감(tension)을 느낄 수 있다. 그 두 점 간에는 하나의 구성으로 한, 힘의 효과를 얻는다. 사선상태에서 텐션의 움직임은 동적인 시각 효과를, 수평상태에서는 안정감과 여유 있는 인상을 주는 효과가 있다.(b)
- **크기가 다른 두 개의 점(강약의 점) :** 크기가 다른 두 개의 점은 그 주의력이 대(강)에서 소(약)로 이동하는 운동이 일어난다. 이 시각 효과의 흐름은 디자인 상의 중요한 요소로 폭 넓은 디자인이 생겨난다. 한 점이 되는 모류의 악센트에 대소(大小), 강약(强弱)이 있기 때문에 악센트의 강조가 젊게 표현된다. 상하로 흐르는 두 점은 대담한 조형감을 얻을 수 있다.
- **세 개의 점 :** 시각적인 효과에서 말하면 각각 3개의 포인트가 각각의 운동을 보이면서 상호 관계에 따라 디자인의 통일을 집중적으로 보이게 한다. 공간의 통일을 보이는 좋은 예가 꽃꽂이의 기본형이다. 세 개의 점을 갖는 스타일에는 디자인의 구성을 충실히 하여 조형적인 화려함이 내포되어 있도록 한다.(c)

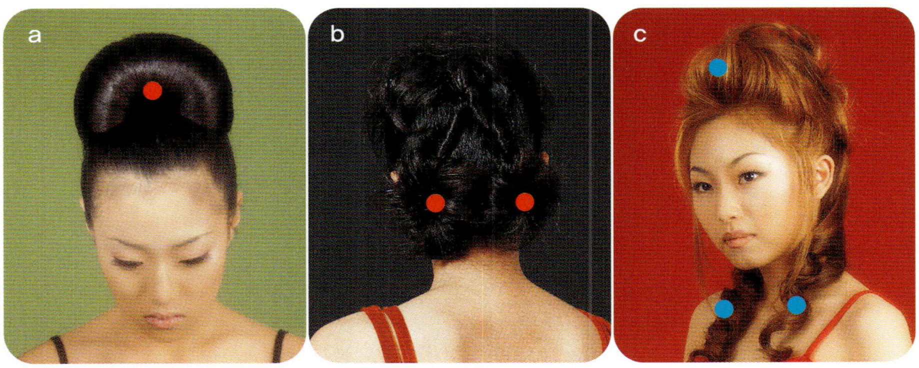

포인트의 위치에 따른 이미지 변화

스타일에서 점은 반드시 면의 흐름을 파생시키기 때문에 면 흐름의 성격과 포인트의 위치, 모양과 크기에 따라 상호 조화에 영향을 미친다. 이러한 이미지의 변화를 각각의 얼굴형에 맞추는 수단으로 유용하게 쓰인다.

POINT

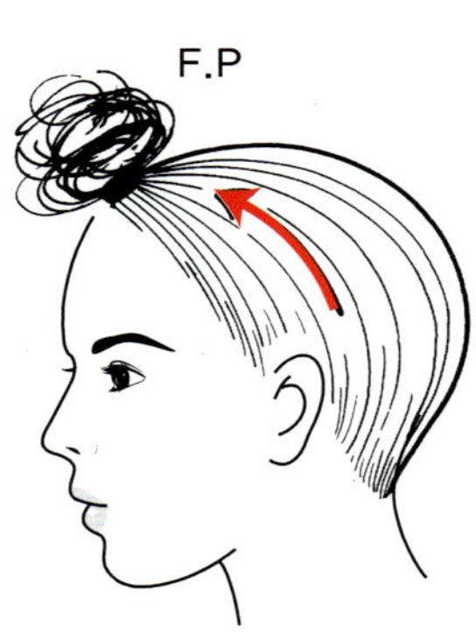

열정, 화려, 관능, 쾌활, 명랑

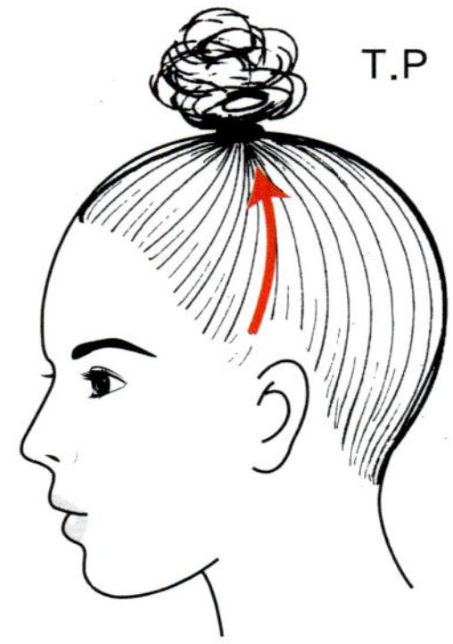

열정, 화려, 적극, 섹시

형태의 미를 강조해서 감각적인 운동감과 유연성,
기대심리에 대한 반대 흐름의 역동감을 얻는다.

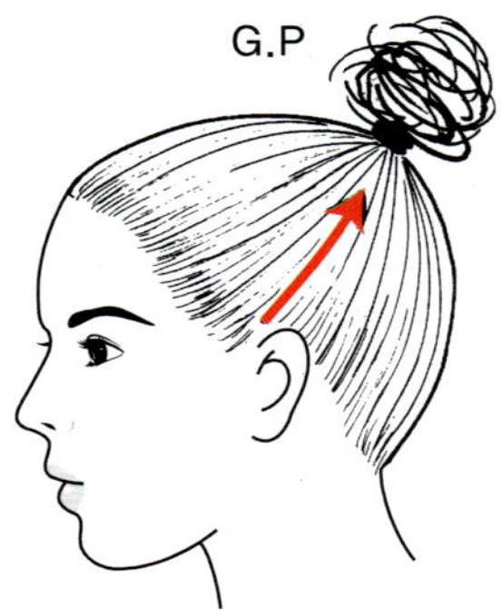

신비, 감각, 유연, 화려

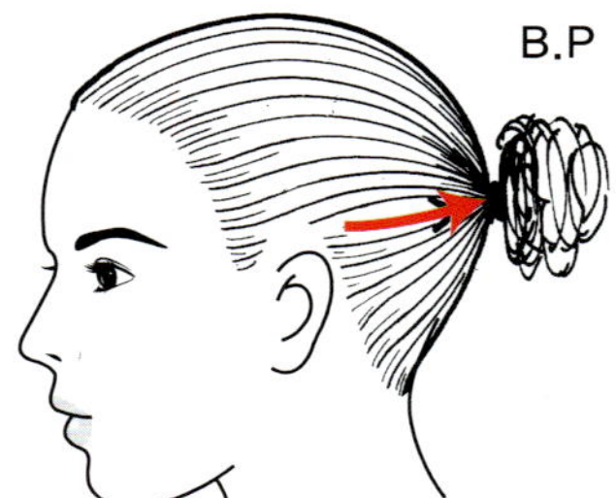

안정, 우울, 비애, 자의

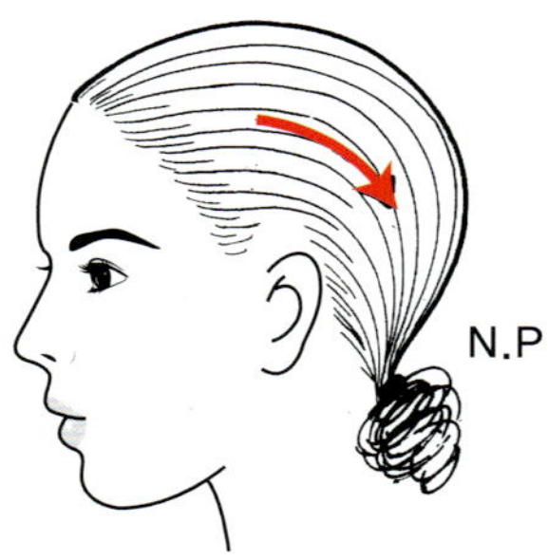

안정, 차분, 정직, 온화, 엄숙

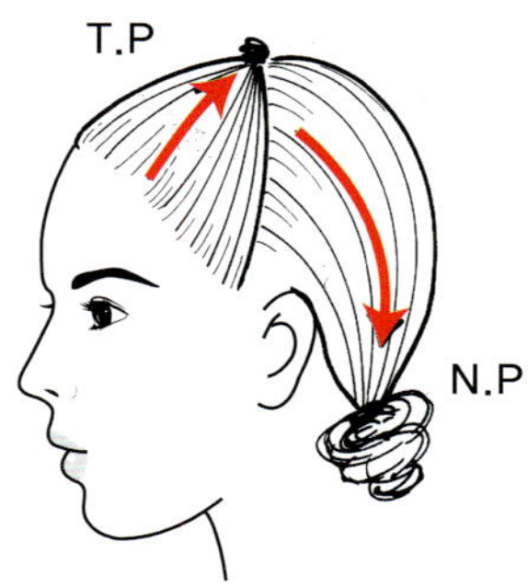

유연, 안정, 세련, 감각

N/P에 시뇽을 만들 때 뒤로 흐르는 모류가 표현하고자 하는
이미지에 맞지 않을 경우, 상하의 두 흐름으로 나누어 표현 한다.

2) 선(line)

선은 점의 연장으로부터 생겨난다. 점은 기본 요소이기는 하지만 완전한 표현 단위가 되지 못하고, 선은 길이는 있되, 폭이 없는 것으로 정의된다. 선은 디자인의 모든 형과 구성을 가능케 하는 기둥으로, 크게 나누어 직선과 곡선이 있다. 직선을 다시 수평선, 수직선, 대각선으로 분류하며, 종류나 상태에 따른 시각 효과와 선의 성격을 이해하는 것이 디자인에 필요하다.

○ 직선과 곡선

선은 점의 연장으로서 그 이동 방향이 일정한 것을 직선이라 하고 방향이 변화하는 것을 곡선이라 한다.
이 두 개의 선에 따라 모든 형태의 기본이 확립되기 때문에 여타의 선들은 직선인지 곡선인지 또는 양쪽 혼합인지에 따라 분석할 수 있다.

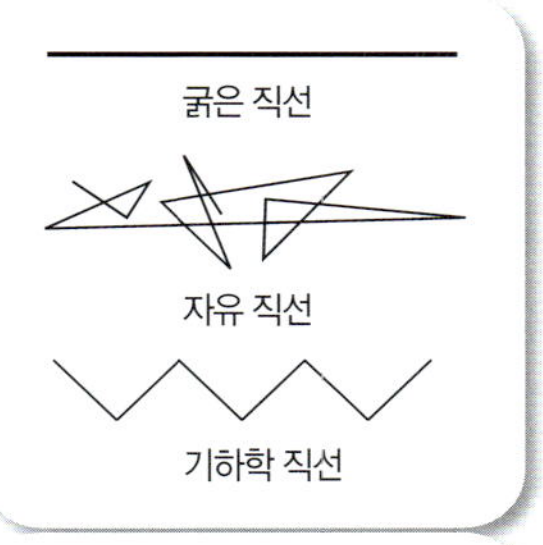

● 직선

직선은 강한 힘, 또는 딱딱함을 느끼게 하고 단순함과 긴장감을 갖는 남성적인 선이라 할 수 있다. 단조로운 선의 운동은 변화가 없기 때문에 딱딱함을 느끼게 하며, 남성적인 강인함과 날카로움을 갖고 있어, 차갑고 이성적인 효과를 강조한다.

- **굵은 직선 :** 강함이 있고, 안정된 고요함의 인상을 갖는다.
- **자유 직선 :** 강함이 있고, 개방적이며 밝은 인상, 불안정, 불명료한 느낌을 준다.
- **기하학 직선 :** 자유 곡선과 닮은 성질이지만 안정감 속에 가벼움이 느껴진다.

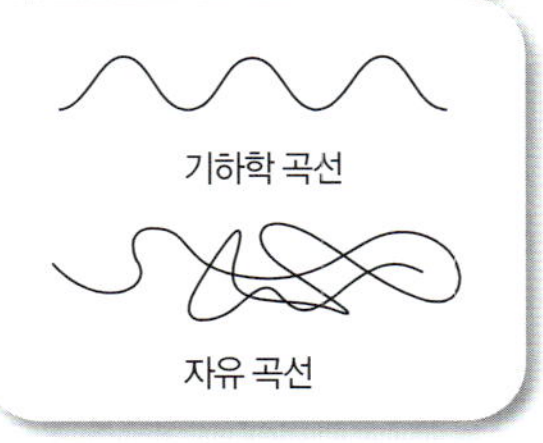

● 곡선

곡선이 나타내는 심리적 시각 효과는 여성적이라 할 수 있다. 신체의 둥그스러움과 부드러움은 곡선에서 오는 표정으로, 우아하고 부드러우며 연약한 인상을 준다. 원, 타원형과 같은 곡선을 기하 곡선이라 하고, 자유로운 운동을 보이는 선을 자유 곡선이라 한다. 이처럼 곡선은 강약에 의해 약동, 전진, 후퇴, 리듬의 강약 등을 표현한다.

- **기하학 곡선 :** 파장의 크기가 같은 연속 웨이브로 지적, 우아함, 안정, 여성스러움, 로맨틱한 인상을 갖는다.
- **자유 곡선 :** 리듬이 일정하지 않기 때문에 편안함보다는 자유스러움으로 개방적인 인상을 준다.
〈유연, 지적, 가벼움, 엘레강스〉

○ 선의 방향

선의 방향을 보는 시각에 따라 한층 강조되는 것이 선의 운동이다. 선의 운동은 크게, 아래 두 개의 운동으로 나뉜다.

- **원심적 방향(운동) :** 이것은 자신보다 멀리 떨어져 나가는 선의 방향을 말한다. 〈 외향적, 남성적, 개방적, 활동적〉
- **구심적 방향(운동) :** 이것은 자신을 향하여 다가오는 선의 방향을 말한다. 〈내향적, 여성적, 편안함〉

○ 모발의 흐름, 스타일의 주선 방향

- **수직선 방향 :** 엄격, 위엄, 딱딱한 표정과 착시 상 높다라는 느낌으로 간결한 형태이다. 〈공간과 깊이〉
- **수평선 방향 :** 안정, 평온, 가라앉거나 무거운 표정과 함께 단순하고 차가운 느낌의 운동성을 갖으면서, 가로 폭(넓음)을 느끼게 한다. 〈시간과 연속성〉
- **사선 방향 :** 활동적, 경쾌함. 또는 변화의 무한한 운동성을 느끼게 한다. 〈파격과 긴장, 조화의 발생〉

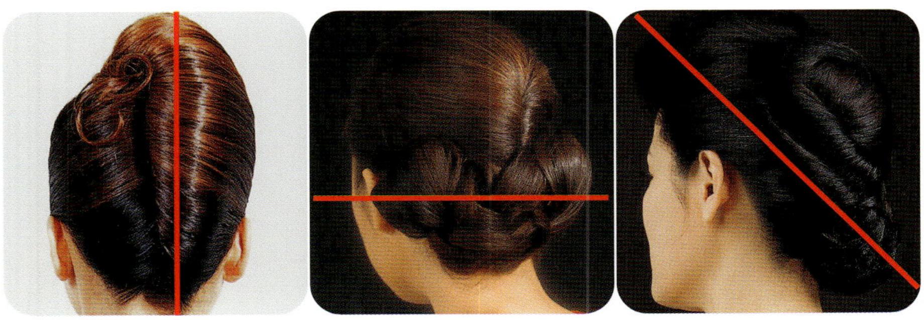

3) 형(form)

형에는 평면적인 형과 입체적인 형이 있다. 점과 점을 연결하는 것으로 선을 만들고 선이 이동 한 곳에 면이 생겨 형이 된다. 그러나 그것은 평면상의 2차원 속의 형이고, 그 면에는 질감과 색상을 갖고 이동하는 입체가 생긴다. 여기에는 균형과 비례같은 일정한 법칙에 따라 3차원 속의 형태(스타일)가 성립된다.

- **실루엣과 형을 일컫는 말로 실루엣과 폼이 있다.** 실루엣은 그림자라는 말을 직역한 대로 평면에 있는 형을 말한다. 하나의 각도에서 본 아웃 라인, 이것들을 실루엣으로 얘기한다. 이것에 대한 폼은 볼륨(양)을 포함한 입체적인 모양을 가진 형을 말한다. 볼륨에 따라 헤어 디자인의 형(form)이 결정된다. 이것은 디자인이라는 단순한 평면적 발상에서 입체화된 면의 이동에 따른 단계라고 해석할 수가 있다. 그 면의 이동, 결국 입체화시키기 위한 볼륨은 그 얼굴형에 맞추어 분위기를 강조하고 결점을 커버하는 여러 효과를 갖고 있다. 또 그 효과와 동시에 어느 정도의 볼륨을 주어야 좋을지 어떠한 형으로 하여야 할지 계산해 두지 않으면 안 된다.

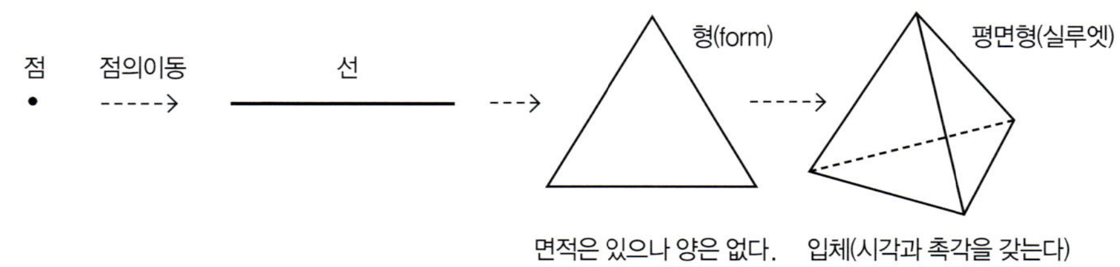

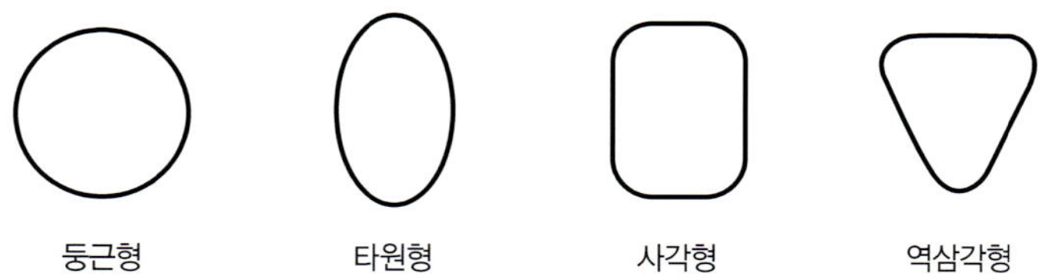

- **둥 근 형 :** 호의적, 안정감, 부드러움이 있고 조금은 어린 인상을 준다.
- **타 원 형 :** 확고한 인상이 있고 조금은 화난 듯한 느낌을 준다.
- **사 각 형 :** 완고한 느낌을 주며 안정감이 있다. 남성적, 개성적인 분위기가 있다.
- **역삼각형 :** 내향적인 빈상, 자칫하면 외롭고 차가운 인상으로 연결되기 쉽다.

4. 포인트의 방향 이미지와 형의 보완

1) 포인트 방향에 따른 이미지

스타일 연출의 첫 번째 결정요소가 포인트의 위치이며 위치의 결정은 스타일이 갖는 방향성을 의미한다. 같은 방향이라도 면의 볼륨과 포인트의 크기, 면과 포인트의 질감에 따라 각각의 심리적 영향이 다르게 나타난다. 헤어스타일에서 나타내는 모발의 선을 회화의 선의 성질 관점으로 접근하여 스타일에 나타나는 포인트와 방향의 심리적 영향을 이해한다.

방향에 따른 심리적 영향

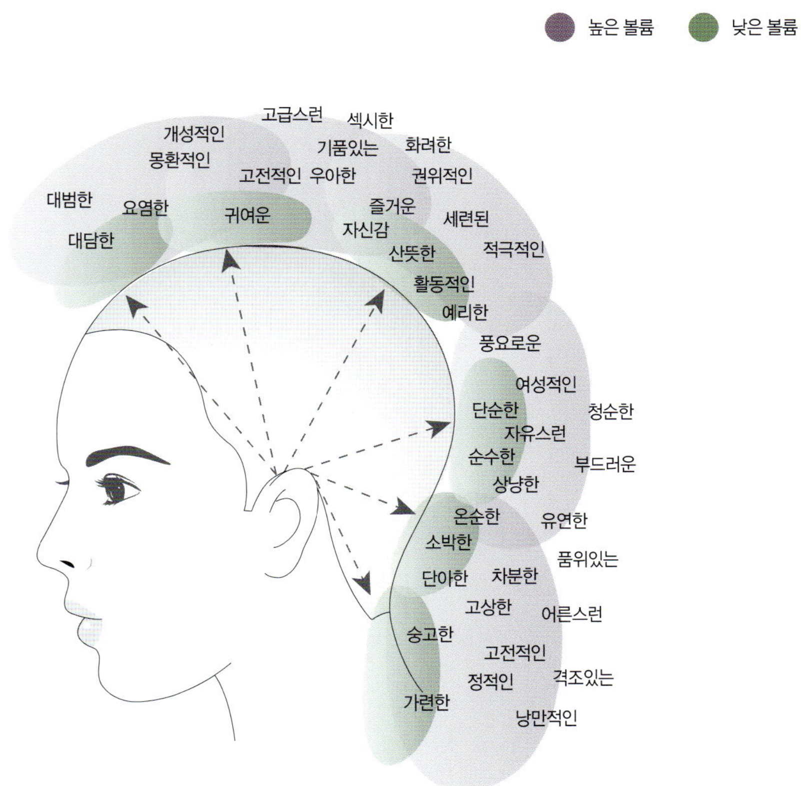

- 우리가 보고 느끼는 심리적인 요인은 개인의 경험 차이에 따라서 같은 대상이라도 각각 다르게 느껴진다. 특히 같은 길이의 원랭스 스타일이라도 고객의 얼굴, 체형, 의상과 더해지면서 동일한 이미지로 보이지는 않는다. 헤어스타일이 갖는 이미지보다 그 외부적인 요인이 심리적인 영향에 더 크게 미친다고 할 수 있다. 이런 외부적인 영향은 자연의 질서와 현상, 시대의 환경, 문화, 풍습 그리고 개인의 경험 차이 등에 의해 대상을 바라보는 성질과 부여하는 의미가 다르다.

2) 얼굴유형에 따른 형(形)의 보완

헤어의 작업은 궁극적으로 얼굴을 예뻐 보이도록 하기 위한 작업이다. 따라서 얼굴의 단점을 보완하고 장점을 강조하여 이미지를 극대화하기 위해서는 얼굴 특성에 따른 볼륨 연출을 이해할 필요가 있다.

○ 사각형의 보완

얼굴형	힘의 방향성	형을 보완하는 연출 방향성	전면의 폭	측면의 방향
	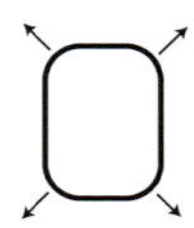	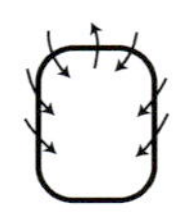	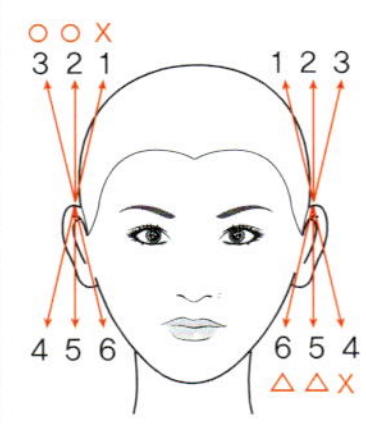	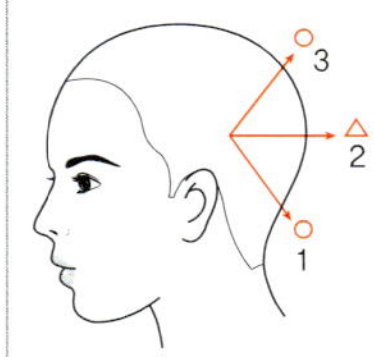
턱의 넓이가 두상의 넓이와 비슷하다.	각진 두상의 측과 양턱의 얼굴이 갖고 있는 힘의 방향.	계란형을 따라 측상과 두상을 강조하고 턱 라인은 모발로 방향을 잡는다.	측면의 1의 폭은 얼굴을 크게 보이게 할 뿐이다.	3을 기본으로 하여 어느 곳에도 포인트를 둘 수 있다.

○ 역삼각형의 보완

얼굴형	힘의 방향성	형을 보완하는 연출 방향성	전면의 폭	측면의 방향
	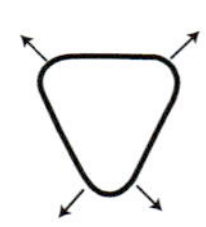	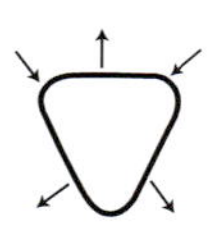	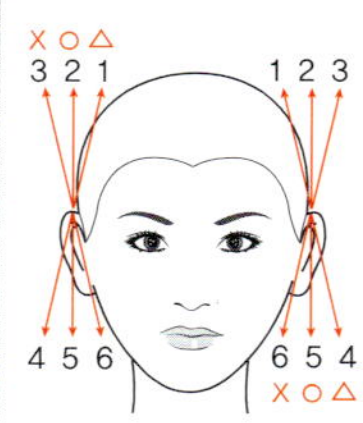	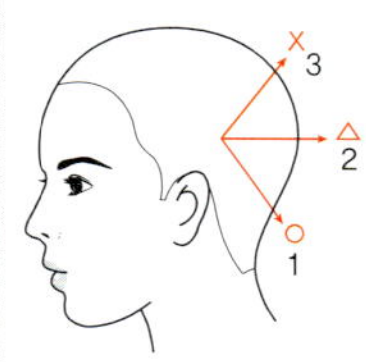
이마의 폭이 넓고 턱이 뾰족하다.	얼굴이 갖고 있는 측두부와 턱의 힘 방향. 특히 턱이 두드러진다.	측두부를 억제하고 하단을 강조하여 턱선을 보완한다.	하위의 5를 기준으로 포인트를 두는 것이 유리하며 6은 턱이 두드러져 보이기 때문에 제외한다.	측두부의 볼륨을 억제하고 네이프에 포인트를 두는 것이 유리하다.

삼각형의 보완

얼굴형	힘의 방향성	형을 보완하는 연출 방향성	전면의 폭	측면의 방향
		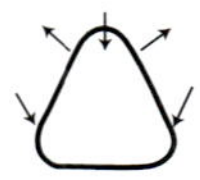	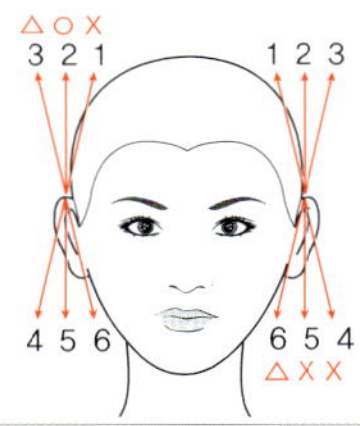	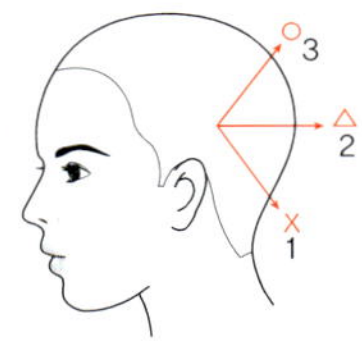
턱이 넓으며 이마 가로 폭이 좁다.	관자놀이가 들어가 보이는 타입이 많다.	뺑을 두고 측상을 강조하며 턱 라인을 가릴 모류를 잡는다.	1번의 폭은 삼각이 강조되고 2를 기준으로 삼아 작업한다.	3을 기준으로 작업하고 1은 삼가한다.

마름모형의 보완

얼굴형	힘의 방향성	형을 보완하는 연출 방향성	전면의 폭	측면의 방향
	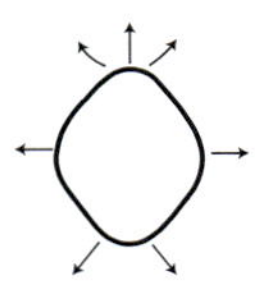	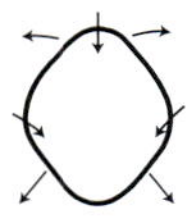	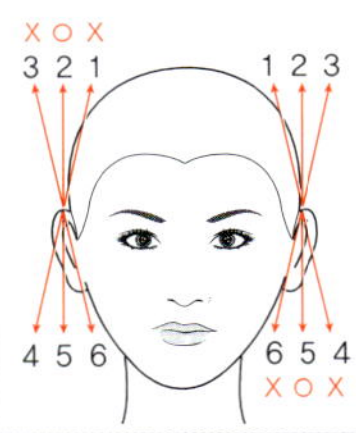	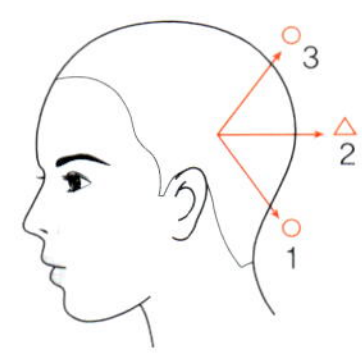
이마와 턱이 좁으면서 광대뼈가 두드러져 보인다.	광대뼈의 방향성이 강하게 느껴진다.	뺑을 내려 이마를 가리고 측두부에 볼륨을 잡아 목선의 모발이 전면에서 보이게 윤곽을 잡는다.	2, 5선을 기준으로 하고 1, 6은 피하는 것이 좋다.	2를 피하고 고객취향에 따라 위 또는 아래에 둔다. 상위일 경우 목선에 잔머리를 남기고 하위일 경우 측상부에 볼륨을 준다.

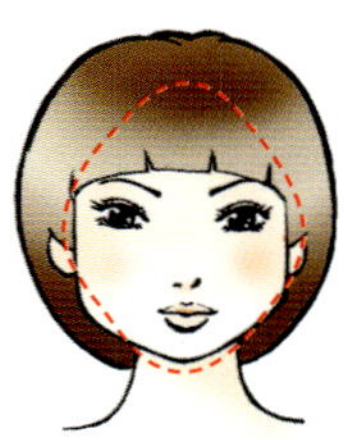

장방형의 보완

얼굴형	힘의 방향성	형을 보완하는 연출 방향성	전면의 폭	측면의 방향
	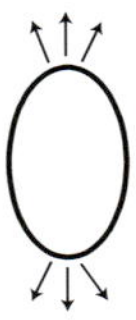	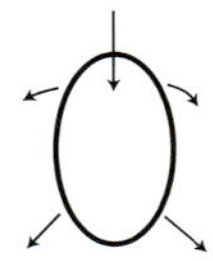	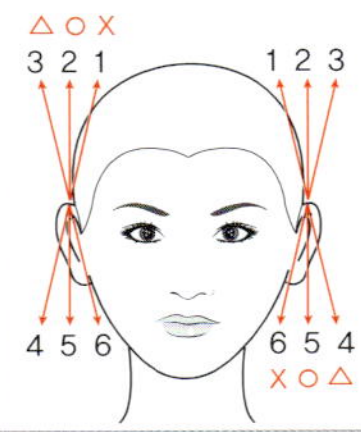	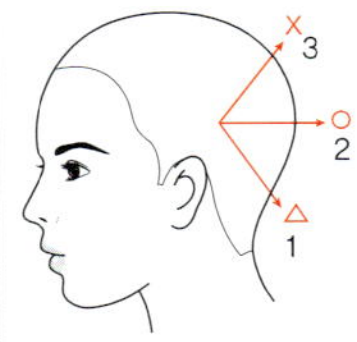
얼굴이 길어 보이는 특징도 있지만 특히 턱라인이 길어 보인다.	얼굴 폭이 좁고 역삼각형 얼굴처럼 귀에서부터 턱라인이 길게 보여진다.	뱅으로 이마를 가리고 측면의 볼륨을 잡지만 올림머리에서는 양감이 크면 오히려 턱라인이 강조된다.	1, 6은 있을 수 없는 선이며 양감있는 2의 선이나 5의 선으로 자연스런 질감의 윤곽을 나타낸다.	3은 피하고 2를 기준으로 작업하고 1일 경우에도 자칫 두상이 빈약해지기 쉽다. 비대칭 스타일도 잘 어울린다.

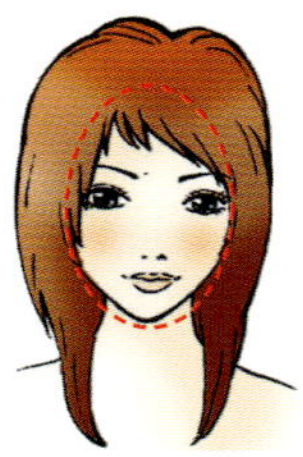

둥근형의 보완

얼굴형	힘의 방향성	형을 보완하는 연출 방향성	전면의 폭	측면의 방향
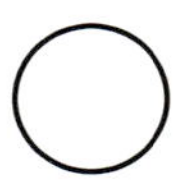	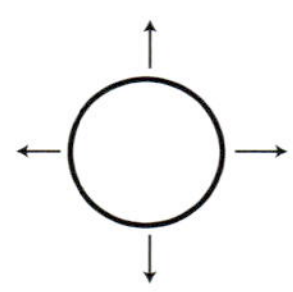	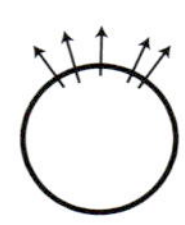	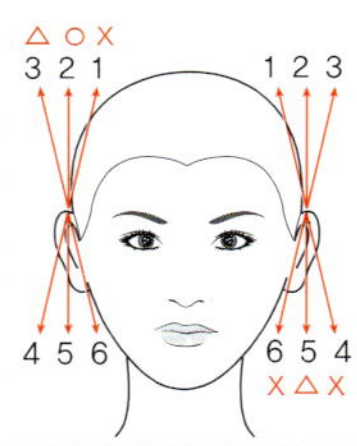	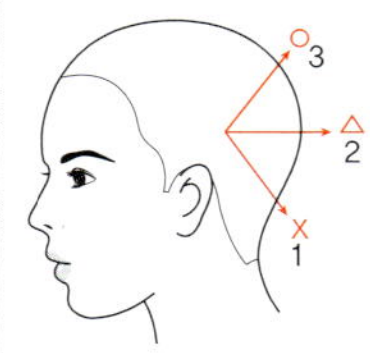
호의적, 안정감, 부드러움이 있고 어린 인상을 나타낸다.	특정한 볼륨 방향 없이 온화한 이미지이므로 스타일에 특징을 두어 표현한다.	뱅을 두고 깔끔한 윤곽 라인보다는 흐트러진 라인으로 계란형에 따라 폭보다 상향의 방향과 볼륨을 강조한다.	1의 라인을 피하여 2, 3으로 상위에 두는 것이 잘 어울린다.	3을 기준으로 질감은 자연스럽게 하여 잡는다.

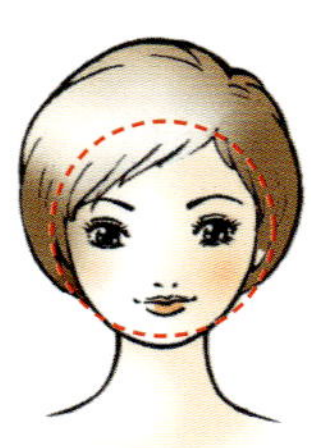

3) 볼륨과 질감

◯ 토대 볼륨

스타일의 형태를 유지하기 위해서는 내부에 버팀목 역할을 하는 중심축이 있다. 이와 같은 중심축의 역할을 토대 볼륨이라 한다. 별도의 토대 볼륨을 잡는 작업이 없더라도 토대 볼륨의 역할을 대신하는 백콤이나 스프레이 등 무엇인가 있을 것이다. 일반적으로 머리가 길면 스타일의 중심축을 중심으로 별도의 토대작업(양감 백콤을 넣거나 머릿솜을 사용)을 하지만 머리가 짧을수록 모근 중심으로 베이스 볼륨을 잡고 그 위에 토대 볼륨 역할의 면 백콤을 넣어 토대를 대신한다. 토대 볼륨을 소홀히 하면 스타일 안정감이 떨어진다.

◯ 이미지 볼륨

베이스 볼륨은 두상 형태를, 토대 볼륨은 스타일 형태를 유지하기 위한 축의 볼륨이다. 이미지 볼륨은 포인트를 향해 측면의 모발들이 면을 만들어내면서, 토대 볼륨 위를 지난 끝머리가 포인트를 만들어 내는 두께를 말한다. 이미지 볼륨은 베이스 볼륨과 토대 볼륨에서 부족한 볼륨을 보완하고 표면의 질감과 윤곽을 동시에 나타낸다.

일반적인 업스타일에서는 기본적으로
두피 전체에 베이스 볼륨(a)을 갖고 있고
납작한 두상에는 베이스 볼륨의 깊이가 깊다.
토대 볼륨(b)은 포인트를 중심으로 놓여 형태를 지지해 준다.
이미지 볼륨(c)는 끝머리를 포함하여
고객의 이미지에 어울리는 형태와 함께
질감을 나타낸다.

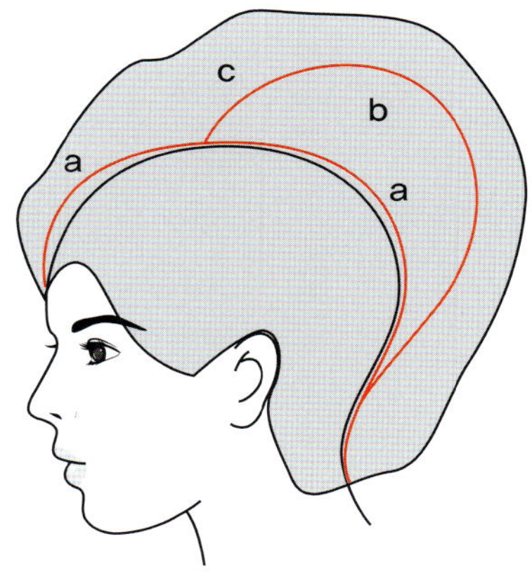

◯ 볼륨의 확장

상위 업스타일 볼륨구조

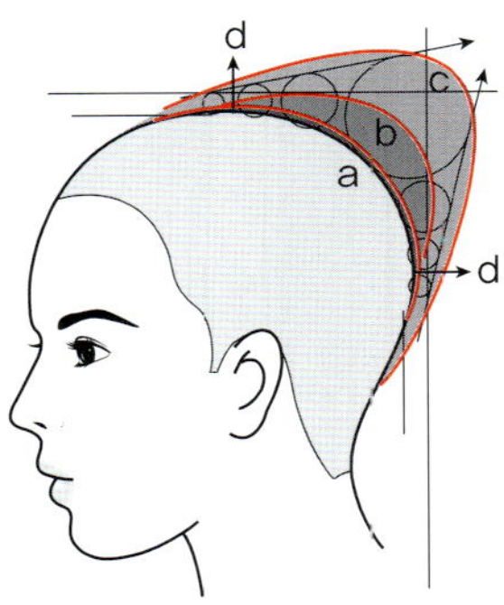

하위 업스타일 볼륨구조

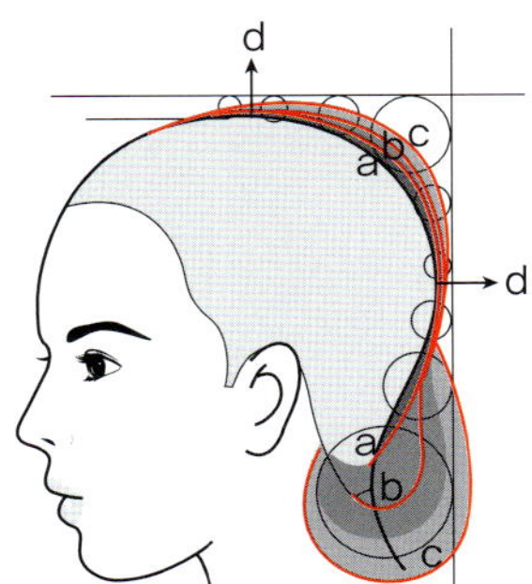

후두부 볼륨구조

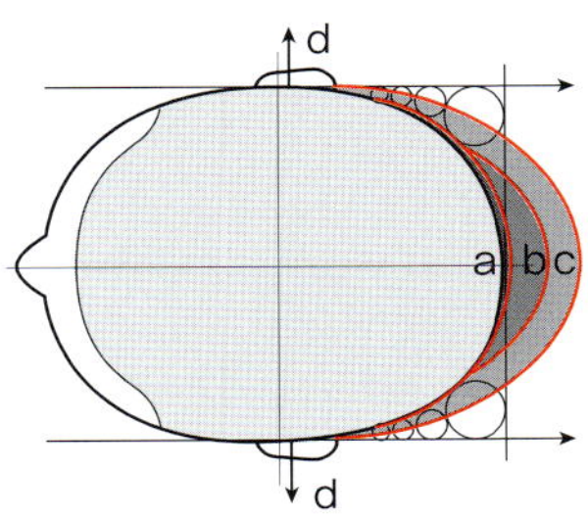

a의 베이스 볼륨을 바탕으로 토대 볼륨(b)이 놓이고 이미지 볼륨(c)이 자리하면서 형태를 만들어낸다.
d의 베이스 볼륨이 높아지면 전체적인 양감이 커진다.

업스타일의 포인트 크기

형태를 이루기 위하여 모근에서 볼륨을 만들어 모선 방향을 따라 면을 만들고 모단이 모이면서 포인트를 이룬다. 보편적인 스타일에서는 두정부, 후두부, 네이프 중심으로 포인트가 놓인다. 개성적이고 독특한 이미지 연출 의도에 따라 볼륨, 질감, 포인트 등을 달리하며 다양하게 연출할 수 있겠지만 일반 살롱의 업스타일 주 고객이 기혼자임을 감안해 면의 볼륨과 포인트의 위치, 크기에 대한 시대적 균형 감각을 가져야 한다.

힘의 성장

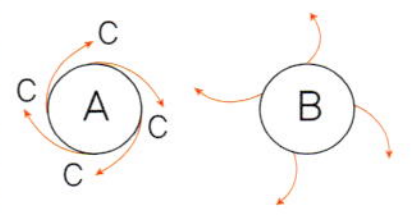

A는 B에 비하여 방향성의 안정감을 갖는 반면 b의 불규칙한 흐름은 편하게 느껴지지 않는다. 조화로운 미의 자연스러움이란 자연의 법칙, 힘의 운동성, 문화, 습관, 경험을 바탕으로 갖게 되는 심리적인 것으로 A와 같이 두상에서 뻗어나가는 볼륨이 자연스런 볼륨의 성장 성질이며 질서라고 할 수 있다. C는 볼륨의 영역으로 두상을 베이스로 힘이 뻗다가 중력에 따라 떨어지게 되면서 볼륨을 만들어 내고 포인트의 크기를 갖게 된다.

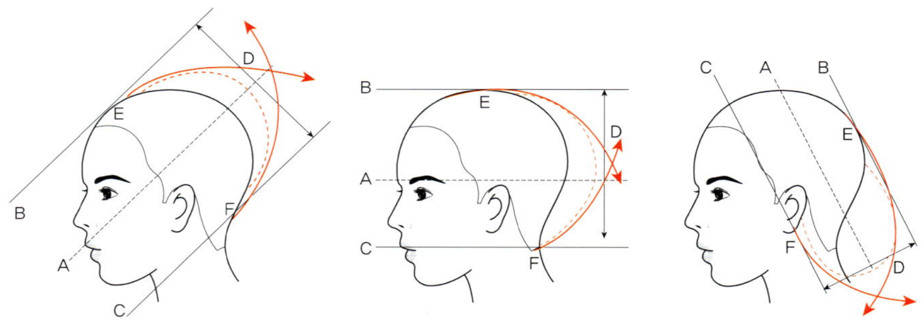

"멋"은 어울림에서부터 찾을 수 있다. 어울림의 심리적 안정감은 자연의 현상과 질서에 기초한다.
상단의 그림은 포인트 크기를 나타낸 것으로 포인트의 축 'A'를 기준으로 'B' 'C'의 평행선 사이에 크기의 폭이 자리하며 'E'에서 'D'로 'F'에서 'D'의 원심력에 의한 연결 폭이 포인트의 크기를 갖는다.
얼굴의 크기와 볼륨, 포인트 크기의 균형이 맞지 않으면 왠지 모를 부자연스러움이 나타난다.

A 그림의 얼굴에서 그림에 맞는 적당한 귀의 사이즈를 찾아낼 수 있듯이 B스타일에서 두상에 맞는 적당한 포인트 사이즈를 가름할 수 있어야 한다.
신체의 일부분인 귀는 사이즈의 차가 크지 않지만 헤어스타일의 크기는 변화무쌍하다.
C와 같이 확장되는 경우가 있는 반면 D처럼 축소되는 포인트의 크기도 있다.

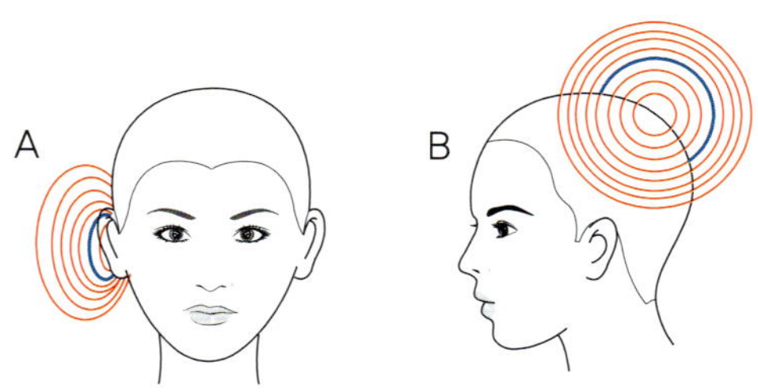

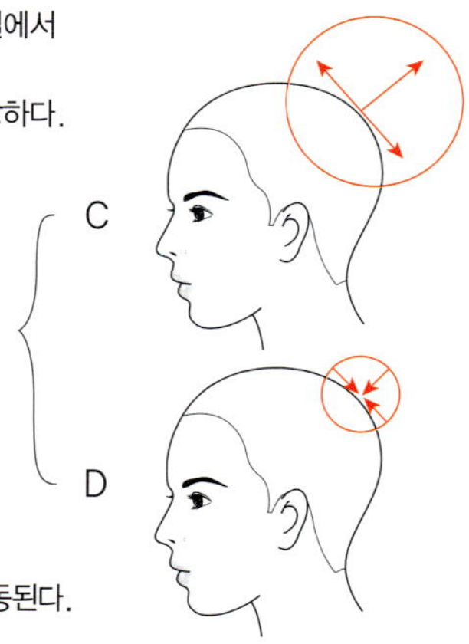

- 면의 볼륨과 포인트가 확장되는 경우 : 이미지에 미치는 영향이 헤어스타일로 이동된다.
  얼굴의 콤플렉스 요인이 강한 경우나 인위적 이미지 연출의 경우이다(C).
- 면의 볼륨과 포인트가 축소되는 경우 : 이미지에 미치는 영향이 얼굴 중심이다. 얼굴이 작으며 젊고 예쁜 얼굴에 가능하다(D).

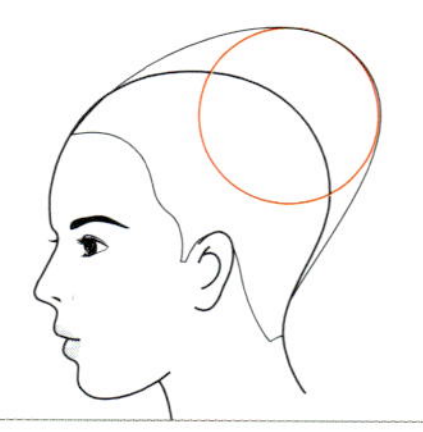	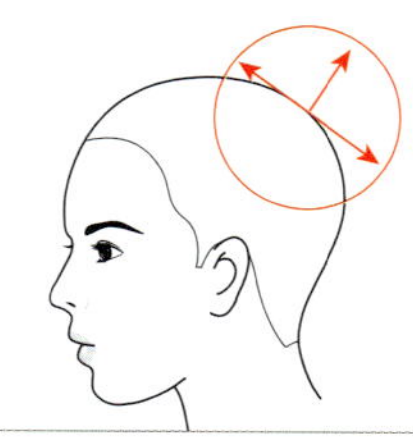	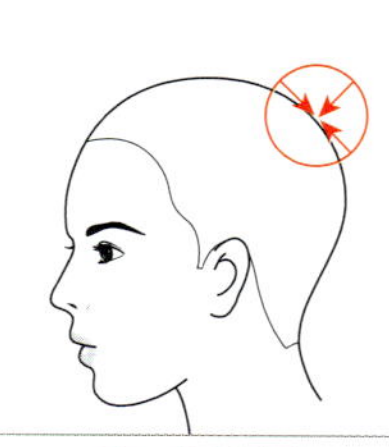
NORMAL	포인트(볼륨)강조	포인트(볼륨)축소
얼굴 美 = 헤어스타일 美	얼굴 美 〈 헤어스타일 美	얼굴 美 〉 헤어스타일 美
일반적인 스타일로 어린자녀를 둔 주부(35±)를 기준으로 얼굴과 헤어의 비중을 50:50으로 잡는다.	미의 중심이 헤어스타일로 이동한 스타일이다. 특별한 이미지 연출이나 얼굴 콤플렉스를 보완하고 시선분산 효과를 의도할 수 있다. (고객의 나이가 많다)	미의 중심이 얼굴로 이동한 얼굴 중심의 스타일이다. 계란형 얼굴에 작으면서 젊고 예쁜 얼굴. 얼굴만으로도 충분한 미적가치를 유지한 경우이다. (고객의 나이가 적다)

○ 질감(質感-Texture)

모발이 군집을 이룬 상태의 결과에 의해 표면에 나타나는 심리적인 상태를 질감이라 한다. 질감은 시각적으로 색다른 만족을 얻을 수 있고 감각 과정을 활성화시키는 효과가 있다. 질감에 영향을 미치는 요인으로 색감, 모발의 장력과 압력, 모발의 흐름(순행과 역행, 직선과 곡선), 모발의 넓이, 면의 모발 높낮이, 모발의 밀도, 표면상의 요철(凹凸) 정도 등이 있다. 이러한 상태에 따라 심리적 영향도 다르게 나타난다.

구분	질감	심리적 영향과 연출
칼라	 	업스타일은 연출에 별도의 칼라 작업을 하는 경우는 없다. 그러나 어두운 모발일수록 하드하게 연출하고 밝은 색일수록 소프트하게 연출하는 것이 좋은 밸런스라 할 수 있다.
장력과 압력	 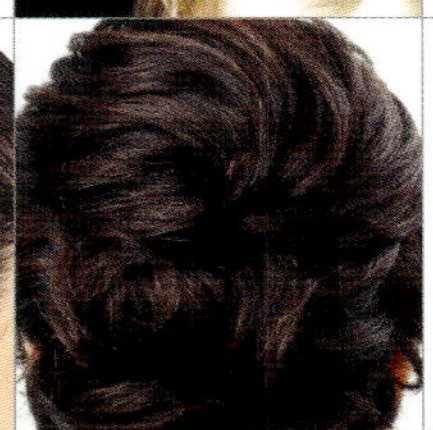	작업 중에 가하는 힘은 질감에 예민하게 나타난다. 힘이 강하면 볼륨이 사라지고 무거우며 모발이 직선적이어서 여성적인 이미지와 멀어진다. 가장 이상적인 장력은 와인딩시 단순장력이고 압력은 사랑스런 아이의 머리를 쓰다듬을 때의 단순 압력이다.
표면의 요철(凹凸)	 	땋는 매듭 부위나 끝머리 마무리 과정에 면과 연출부위의 높낮이 입체 정도에 의해 나타나는 질감으로 입체감이 강할수록 젊은 이미지를 나타낸다. 연령이 높을수록 평면에 가깝게 펼치듯이 연출하고 젊은 경우에는 요철을 강하게 나타낸다.
면의 넓이	 	업스타일에는 면이 없을 수 없다. 면이 넓을수록 하드하고 클래식하며 면이 좁을수록 젊은 이미지를 나타낸다. 스타일이 무겁고 나이가 들어 보인다면 섹션을 나눠보는 것이 좋다.
모발의 밀도와 높이	 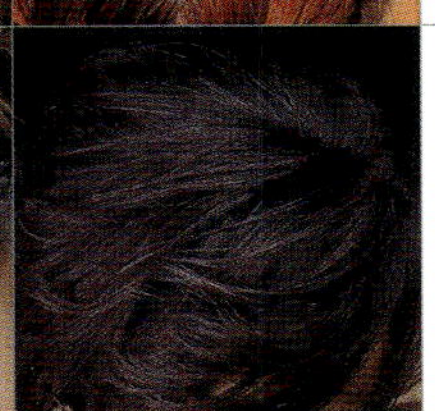	모발의 밀도가 높고 높낮이가 일정하면 하드한 느낌을 나타낸다. 깔끔함은 단정하고 품위가 있으며 정돈된 긍정적인 느낌은 주지만 연령이 느껴지기 쉽다. 부력감과 모속감을 잡아 높낮이를 두어 입체감을 나타낸다.
순행과 역행	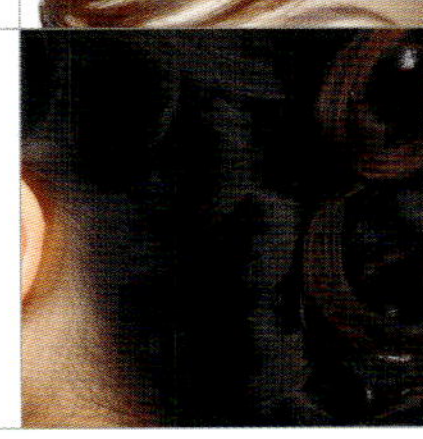 	모발이 후두부로 흐르는 방향으로 꼬는 것이 순행이며 일반적이다. 차분하고 반듯한 이미지를 나타낸다. 섹션을 뒤집듯이 반대로 꼬거나 흐름을 잡아 요철의 느낌을 강조하고 다이나믹한 모류로 젊고 발랄한 이미지를 연출한다.

※ 질감연출의 자세한 방법은 제3장 질감의 연출 230쪽 참조

5. 업스타일의 상위, 하위 스타일의 이해

업스타일의 상위와 하위의 대비적 표현으로 명확한 형태가 분명한 두 스타일을 비교해 업스타일의 구성을 이해한다. 업스타일의 기본형이라 할 수 있는 상위 업스타일이 화려하면서 커리어우먼의 이미지라면, 하위 업스타일은 여성적이고 로맨틱한 이미지를 갖는다. 상위 스타일은 포인트가 G.P를 중심으로 놓여 전면의 실루엣에 두상을 강조한 스타일로 하위에 비하여 얼굴에 차지하는 머리의 비중이 높다. 따라서 얼굴형에 어울리는 형태의 심도 있는 조형 감각이 요구된다. 하위 스타일은 전면의 실루엣으로 두상보다는 턱 선을 보완하는 실루엣이기 때문에 얼굴 중심의 업스타일이다. 의상, 메이크업에 문제가 없다면 얼굴이 강조되어 헤어의 비중이 낮아지기 때문에 이미지 손상이 발생할 가능성이 낮다. 업스타일 경험이 부족하고 자신이 없다면 하위로 유도하는 것이 실패의 가능성이 적을 것이다.

1) 상위(上位) 업스타일

G.P를 중심으로 B.P 위에 놓이는 스타일을 상위 업스타일의 범주에 둔다. 상위 업스타일에서 G.P의 볼륨 포인트와 사선의 축 방향을 갖는 데에는 개성적이면서 자신감 있는 표현으로, 예전의 T.P에서 G.P로 볼륨의 중심 이동이 시대의 현상이다. 측두부의 볼륨이 약하면 얼굴이 커 보일뿐만 아니라 스타일이 갖는 성격이 약해져 시대성과 맞지 않다. 숏커트에서 동일한 길이의 세임 레이어(same layer)의 경우 측두부의 볼륨이 두상을 따라 둥그런 볼륨으로 떨어져 부드러운 느낌의 동안 이미지를 주지만 개성적이지 못하고 시선이 얼굴 중심으로 닿기 때문에 콤플렉스가 두드러져 보일 수 있다.

상위 업스타일

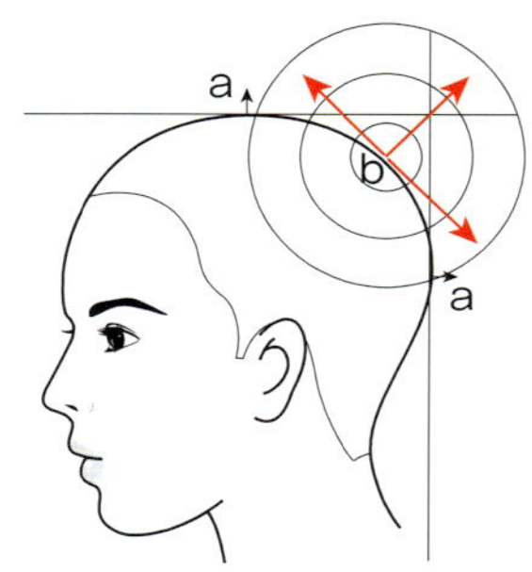

면에 볼륨이 없는 상위

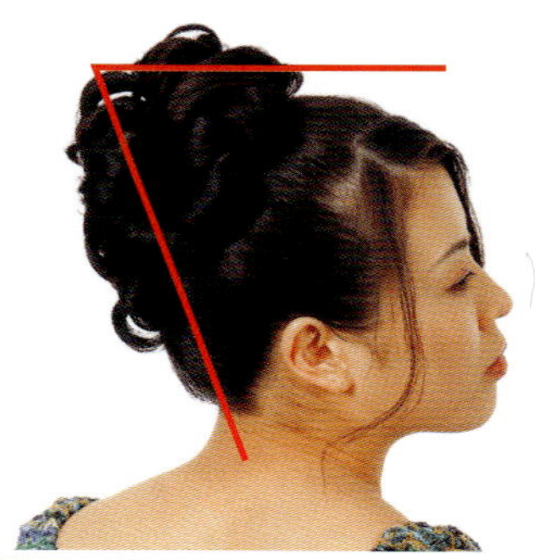

면에 볼륨을 잡은 상위

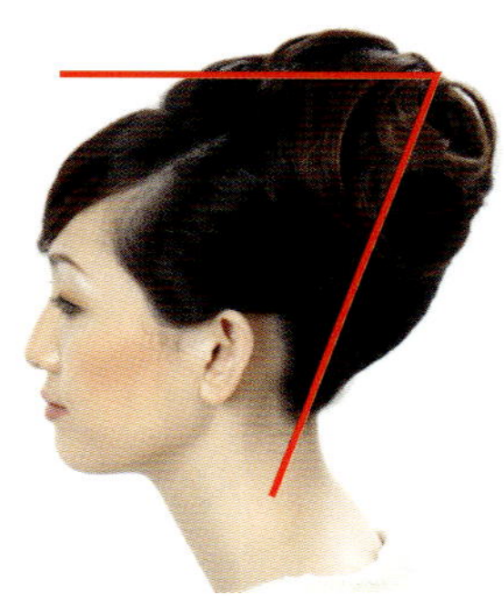

※측면 각은 삼각의 이미지를 나타낸다.

2) 하위(下位) 업스타일

포인트의 위치는 옥시피탈 본(Occipital Bone)을 기준으로 그림 b의 포인트 크기가 커질수록 B.P 위로 자리하고 a의 볼륨도 커진다. 하위 업스타일은 묶음으로 연출되는 쪽 패턴과 묶지 않고 걷어 올려지는 양감 패턴이 있다. 하위 업스타일에서는 상위 업스타일의 포인트 자리가 면으로 연출되고 측면은 네이프 포인트와 연결성 있게 연출한다. 두정부 면을 묶고 나서 연출하는 쪽 패턴과 측면의 모발과 네이프 모발을 걷어 올려 포인트를 연출하는 양감 패턴이 있다. 시대의 업스타일 연출은 조작도가 낮고 모선의 자연스러움과 다양한 모발 조건에 대응하기 쉬운 하위 양감 패턴에 있다. 양감 패턴은 사이드, 백 사이드의 볼륨을 동일하게 목까지 길게 이어지듯이 떨어지는 특징을 갖는다.

하위 업스타일

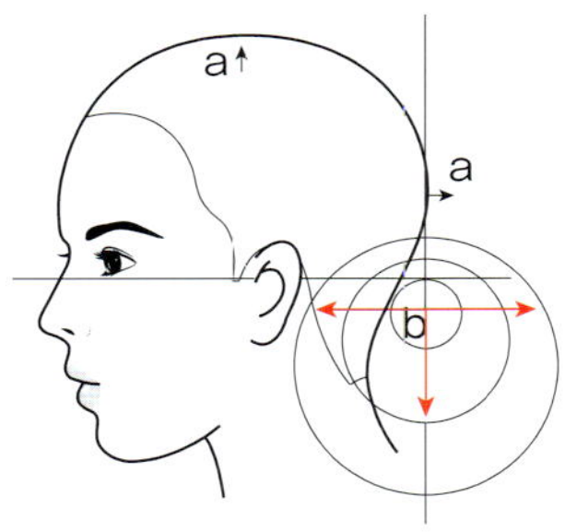

하위 쪽 패턴

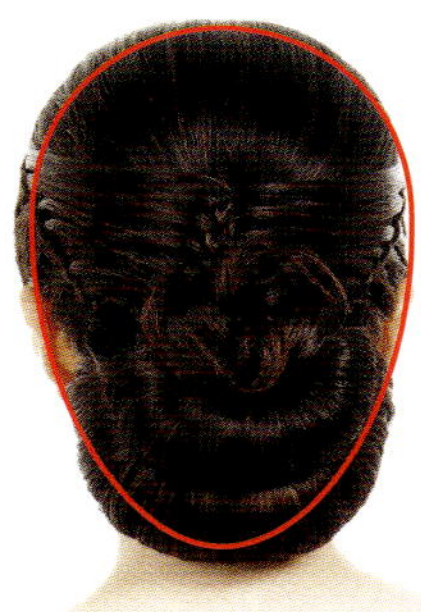

하위 양감 패턴

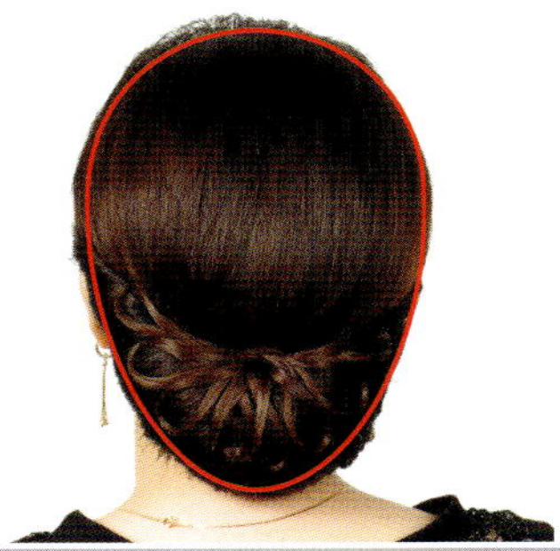

3) 상 · 하위 스타일의 작업(패턴비교)

업스타일의 형태와 영역은 전 파트에서 설명하였다. 길을 나서면 목적지가 확실하고 이동 방법이 있어야 하듯이 연출에 앞서 갖춰야할 형태와 방법을 생각해야 한다. 블로킹에서부터 시작되는 업스타일의 투 블록 패턴을 이해한다.

○ 투 블록 블로킹패턴

- **센터 파트 :** 프런트의 모발 길이가 짧지 않은 경우가 많으며 대칭의 센터 파트는 일반 여성의 경우보다 로맨틱한 웨딩스타일에서 많이 보이고 하위 스타일 연출이 일반적이다.
- **사이드 파트 :** 앞머리가 짧거나 프런트의 볼륨을 잡는 주부 타입에서 많이 보인다. 프런트의 뱅을 떨어뜨리면서 센터 파트를 하는 경우도 있는데 이는 젊은 여성의 하위 업스타일 타입이다.

○ 투 블록의 이해

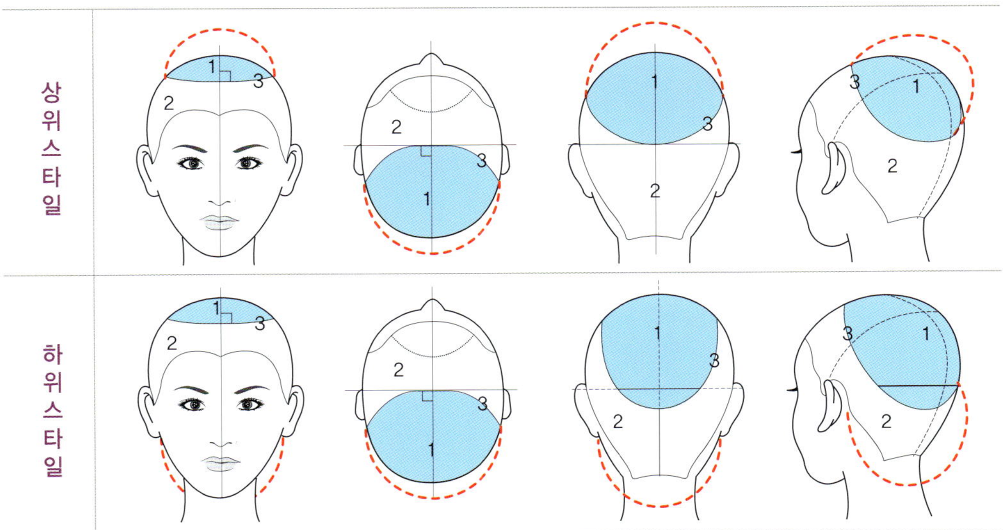

● **두상의 외측과 내측으로 나눠지는 투 블록**

블록 라인(경계선)의 성격 : 3번 선은 남성 스포츠 헤어스타일의 클리퍼의 경계라인의 성격과 유사하다.
상위 스타일은 약간 위로 올라가 면의 영역이 넓은 반면 하위 스타일은 약간 내려와 면이 좁은 느낌이다.

내측 영역의 성격 : 상위 스타일은 내측 1이 연출 포인트 영역이며 하위 스타일의 경우 1의 영역이 면의 연출 영역으로 바뀐다.

외측 영역의 성격 : 상위 스타일의 외측 2는 면의 영역이며 하위 스타일의 외측 2는 연출 포인트의 영역이다.

볼륨이 없는 타입의 상 · 하위 업스타일 작업 과정

	질감을 잡지 않는 경우(원 포인트 타입)		질감을 잡는 경우(투 블록 타입)	
	상위	하위	상위	하위
블로킹 도해도	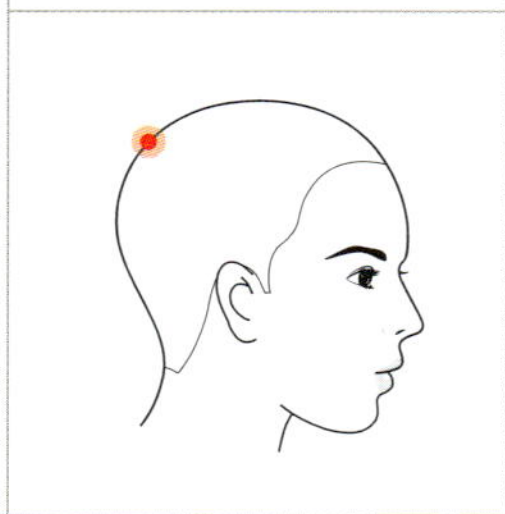	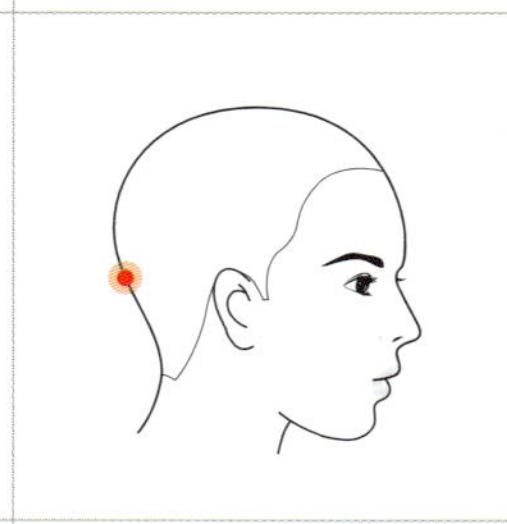	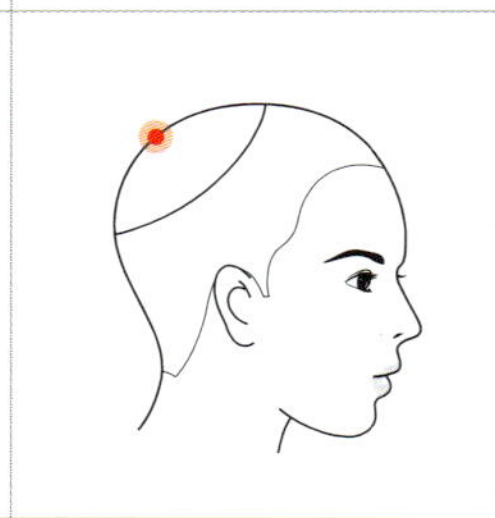	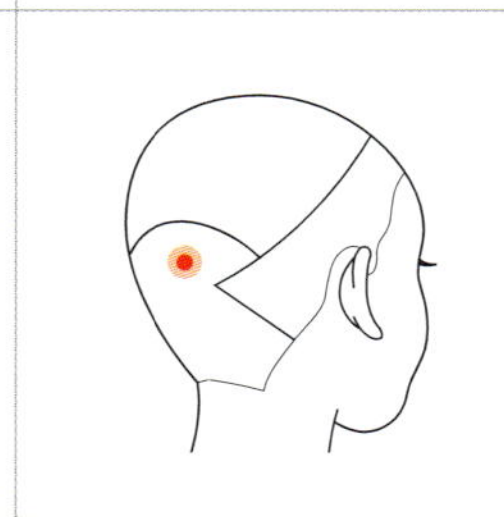
포인트의 위치와 블로킹	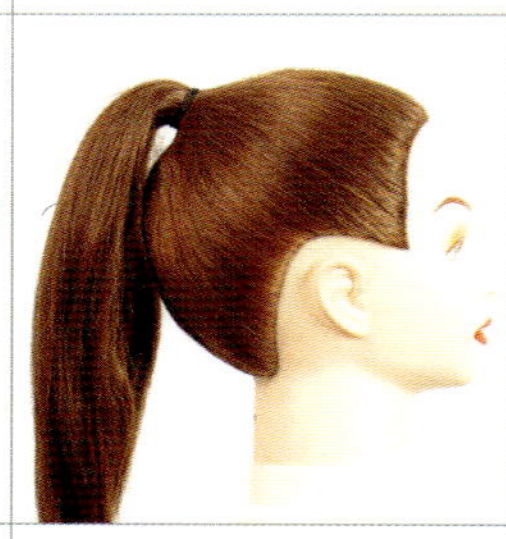			
토대 만들기		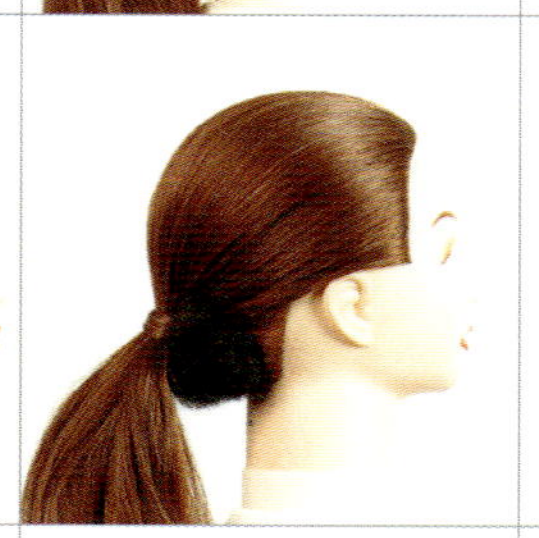		
완성				

볼륨이 없는 타입의 상 · 하위 업스타일 작업 과정.
포니테일과 함께 단순한 묶음으로 표현되는 스타일로 귀엽고 발랄한 이미지, 어리거나 젊은 고객의 경우에 어울리며 성숙한 여성의 이미지로 적당하지 않다.

단순한 면에 변화를 넣어 보다 세련된 이미지를 연출하고자 할 때 라운드 블로킹의 투 블록을 두고 고객의 이미지에 맞춰 측면과 포인트를 꼬거나 땋기 등으로 연출한다.
머리양이 적을 때에는 머릿솜을 넣어 볼륨을 잡는다.

※ 위와 같은 경우에는 모근의 조작도가 낮다. 따라서 젊거나 본인의 멋을 내기위한 스타일이 아니라는 것을 알 수 있다. 본인 중심이 아닌 목적 중심으로 연출된 스타일. 업무의 일환으로 연출되는 경우가 많다.

볼륨이 있는 타입(양감타입)의 상 · 하위 업스타일 작업 과정

	상위 스타일	하위 스타일	
	양감 패턴–블록과 작업순서	시뇽(쪽) 패턴–블록과 작업순서	양감 패턴–블록과 작업순서
블로킹 도해도	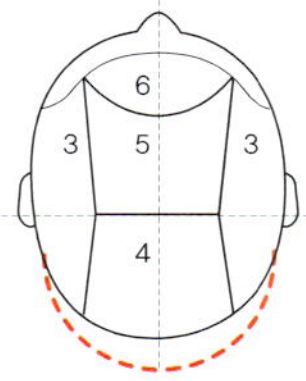	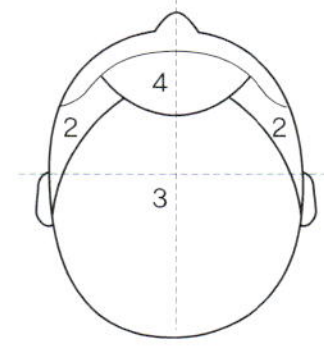	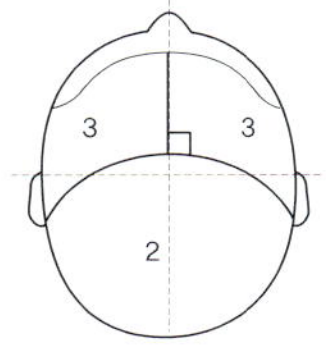
	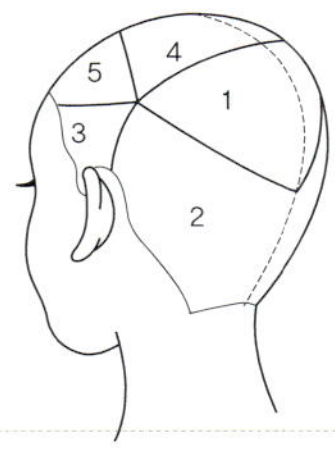	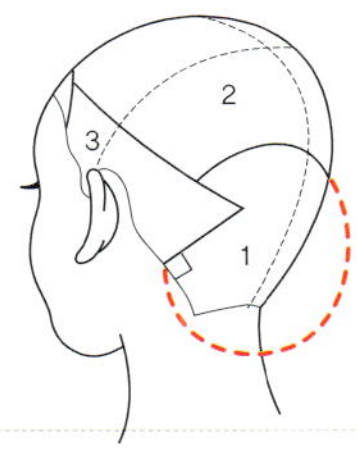	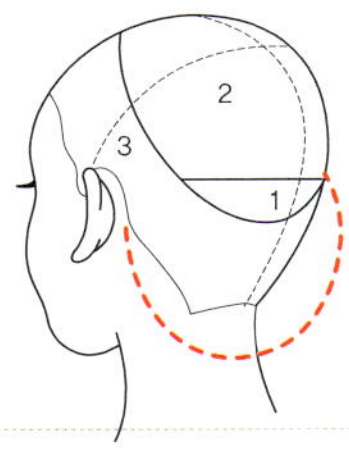
	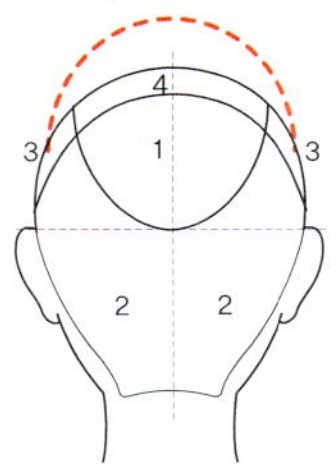	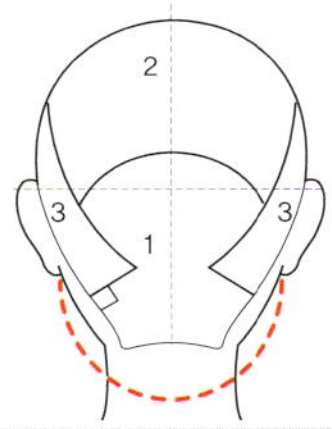	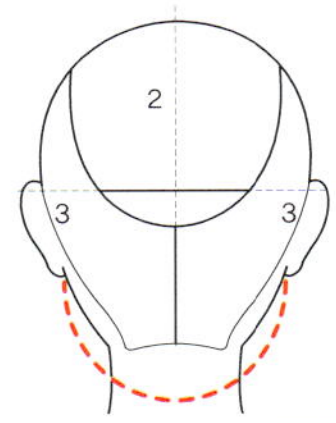
블로킹			
토대 만들기			
백콤넣기	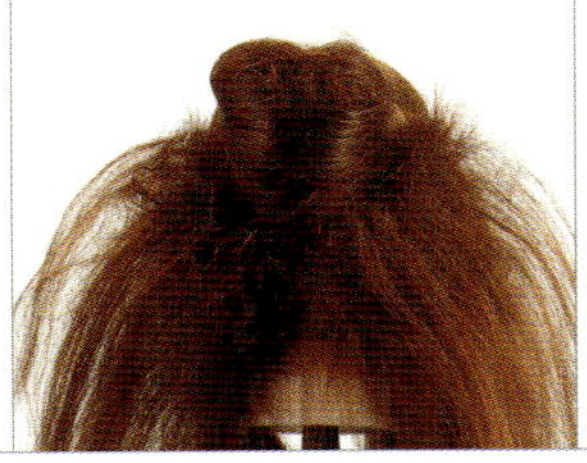		

브러싱과 면의 결성	
사이드의 연출	
끝머리 연출과 완성	

※ 양감타입은 세팅과 백콤 또는 머릿솜의 보형물을 넣어 볼륨을 갖춘 업스타일을 말한다. 볼륨은 모근이 들린 결과로 나타나며 이는 모근 조작도가 높다는 것을 의미한다. 높은 조작도의 필요성은 얼굴형과 컴플렉스를 보완하는 목적이거나 외부에서 아름다움을 보완할 수 밖에 없는 연령이 있는 고객이다. 상대적으로 젊은 고객이면서 조작도가 높은 볼륨을 갖췄다면 의도한 이미지에 따랐거나 세련된 멋을 더해 개성을 강조 또는 품위 있는 격에 맞춰 연출되었을 것이다.

Ⅱ 도구와 베이직 테크닉

업스타일은 사용한 도구의 형태나 소재에 따라 완성된 스타일에서 질감이나 형태가 달라질 수 있다.
따라서 디자이너라면 완성될 스타일의 목적에 적합한 것들을 선정하고, 각 도구들의 성질을 파악하여 도구를 신체의 일부처럼 자유자재로 사용할 수 있도록 되어야 다양하고 섬세한 표현 영역을 넓힐 수가 있다.

1. 빗과 브러시(comb & brush)

○ 꼬리빗(tail comb)의 선정

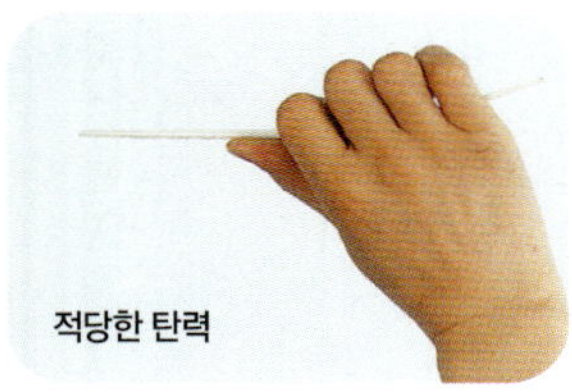

적당한 탄력

① **빗의 강도 :** 딱딱한 재질의 빗은 탄력이 없어 백콤이 이루어지는 과정을 손끝으로 느끼기가 어렵고 빗이 너무 부드러우면 백콤을 밀어 넣기가 힘들기 때문에 정확한 백콤을 넣을 수가 없다.

② **빗살 :** 빗살을 만들어 내는 각(빗살뿌리)은 둥그렇게 처리된 각보다는 직각으로 절단된 형태가 모발이 빗 속에서 미끄러지지 않아 역모 작업이 용이하며 빗질의 감촉을 손으로 전달받을 수 있어 모발컨트롤이 좋아진다.

③ **빗머리 :** 머리 끝이 좁게 이루어진 것이 섬세한 작업을 하기에 좋다.

④ **빗의 꼬리 모양 :** 꼬리 끝으로 갈수록 가늘어지면서 흠집이 없이 둥그렇고 매끄럽게 처리가 되어야 파트나누기, 슬라이스, 가다듬기 등에서 역할을 발휘한다. 빗 꼬리의 길이는 잡아서 길이가 2–3cm 이상 남는 것이 좋다.

⑤ **빗살의 간격과 길이 :** 살이 깊고 간격이 넓을수록 많은 양의 역모를 넣을 수가 있고 빠른 작업(커트 빗 사용가능)을 할 수 있으나 그 반대의 경우는 섬세한 역모를 넣을 수는 있지만 슬라이스 폭을 많이 잡을 수 없어 작업이 더디게 된다.

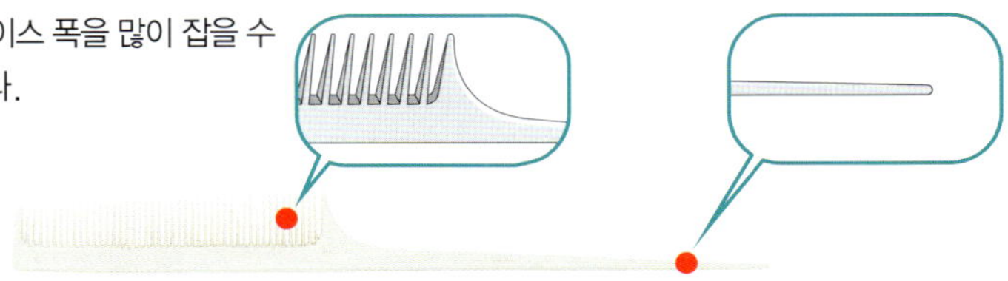

○ 브러시(brush)

브러시는 선과 면, 광택과 볼륨 등을 표현하는 데 중요한 역할을 한다. 숙련된 디자이너는 한 종류의 브러시로 처음부터 마무리까지 하는 경우도 있지만, 역시 각각의 브러시의 특징을 파악해서 용도에 맞게 사용하는 것이 의도한 디자인으로 섬세하게 표현하는 데 도움이 될 것이다.

쿠션브러시

브러싱 브러시

피니시 브러시

포마드 브러시

브러시의 종류와 특징

종류	선택 포인트	특 징	용 도
쿠션브러시 (cushion brush)	• 두피에 자극적이지 않을 것. • 빗살의 길이가 다르게 섞여 있을 것. • 쿠션 부분과 빗질의 느낌이 부드러울 것.	• 두형의 곡선에 따라 텐션을 균일하게 넣을 수가 있다. • 많은 양의 콘트롤이 가능하다.	• 세팅 전후 전체의 모발 정리에 용이하다. • 프런트 부위를 간단하게 마무리할 수 있다.
브러싱브러시 (brushing brush)	• 빗살의 길이가 일정하며 면이 고를 것. • 발이 촘촘하지 않을 것. • S형이거나 등이 굽은 형태	• 모발 깊숙이 두피까지 빗질이 가능. • S로 꺾인 곡면을 이용하여 넓은 면의 모발을 컨트롤할 수 있다.	• 하나로 끌어 묶을 때. • 면을 끌어 모을 때. • 백콤를 정리할 때.
피니시 브러시 (finish brush)	• 면이 가지런하고 밀도가 높으며 균일 할 것. • 빗 머리 앞쪽이 가늘 것.	• 빗살이 깊숙이 들어가지 않아 역모를 보호할 수 있다. • 빗살의 면과 각을 필요 목적에 따라 이용할 수 있다.	• 표면을 빗질하여 질감과 광택을 조절 한다. • 섬세한 부분 연출에서 기능 발휘.
포마드 브러시 (pomade brush)	• 칫솔의 2–3배 크기로 면이 고르고 탄력이 있을 것.	• 섬세한 부분까지 용도에 맞게 사용 가능.	• 포마드나 스프레이를 도포한 후 매끈한 광택과 잔머리를 깔끔하게 정리한다.

브러시의 파지법

엄지는 브러시 중앙 측면을, 중지는 반대 편에서 손 안 쪽으로 잡는다. 검지는 브러시를 가볍게 받쳐 머리 어느 곳에서도 손목 회전이 가능하고 앞뒤, 좌우의 밸런스가 유지되도록 한다. 밸런스의 감각은 업스타일 면 구성의 기본과 직결되기 때문에 병을 쥔 듯한 자세에서는 상대적으로 표현이 어렵다.

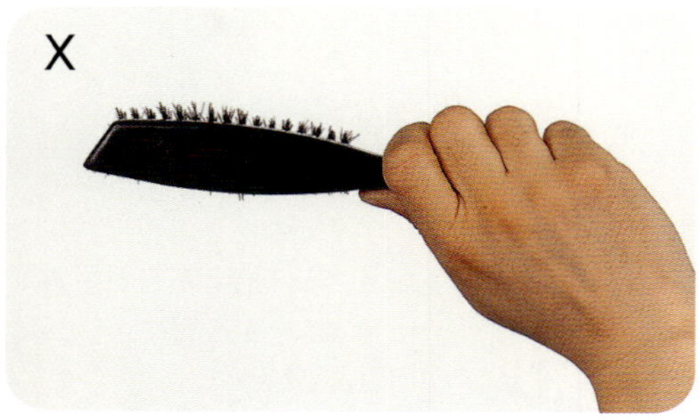

2. 브러싱

브러싱의 목적은 엉킨 모발을 풀어헤치거나 모발을 가지런히 정리하는 것이다. 일반적인 업스타일의 브러싱은 면을 깔끔하게 정리하는데 목적이 있다.

면이 '깔끔하다' 는 정의

모발이 순서대로 배열되어 있고 텐션이 일정하며 높이가 같다는 것으로 브러싱은 이 세 가지를 충족시켜야 한다.

브러시 파지법

브러시는 몸체의 1/3정도의 위치에서 엄지와 검지가 엇갈리듯이 잡고 나머지 손가락으로 손잡이를 가볍게 받친다.

01

엄지와 검지로 몸체를 잡는다.

02

나머지 손가락으로 손잡이를 잡는다

03

04

브러시의 상하이동은 손목을 사용하여 브러시 면의 각도를 잡는다.

브러싱의 힘과 닿는 면

브러시에 힘을 가하여 빗지 않으며 브러시 면의 가장자리(a)를 사용하여 브러시 무게에 의해 면과 닿고 미끄러지듯이 팔꿈치를 움직여 당겨 빗는다. 닿는 면이 넓을수록 마찰력이 높아져 모발을 압박하고 모발을 끌어당기게 되며 누르는 힘이 과해져 형태가 일그러진다. 브러싱은 볼륨과 같은 형태에 관여하지 않고 오직 면의 상태만을 책임진다. 과한 볼륨은 면의 결정 과정에서 손바닥으로 쓸어 없앤다.

브러싱의 시작은 a부터 닿게 되어 순차적으로 b, c, d로 닿는 면이 넓어진다. 면의 깔끔한 정리와 평면의 브러싱은 a의 면을 사용하고 백콤의 제거 목적은 d의 면을 사용하며 힘이 요구되는 경우일수록 닿는 면이 넓어진다.

브러싱은 미끄러지듯이 한다. 미끄럼틀에서 사람의 무게에 의해 미끄러지듯이 자연스런 브러싱을 한다.

1) 기본 브러싱(평면브러싱)

가위가 지나가는 자리는 모두 직선이지만 곡선의 커트라인으로 나타난다. 브러싱의 기본은 모두 직선으로 단계별로 나누어 빗게 되며 결과적으로는 곡면을 나타낸다.

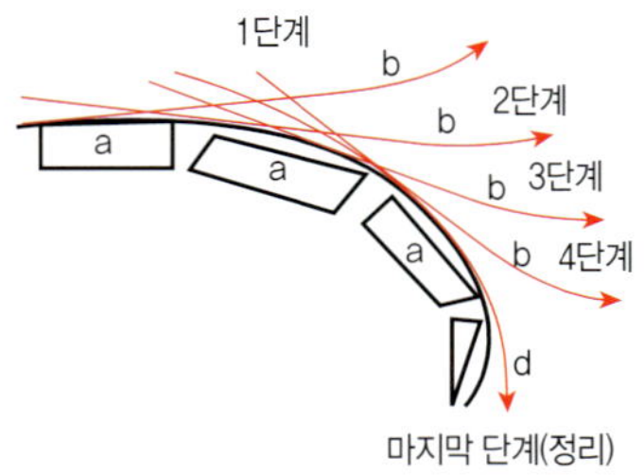

V체크 부위에서 브러시에 백콤이 걸리면 브러시는 롤링되면서 들어올려 백콤을 제거한다. 이렇게 들어올리면 정리된 면이 흐트러지기 때문에 손바닥으로 누르듯이 받치게 된다. 손으로 받치면서 브러시는 빠져나간다.

a 정리하고자하는 면
b 브러싱 과정에 백콤이 걸릴 경우의 브러싱
c 브러시에 장애물 (백콤)이 걸리지 않은 상태의 브러싱
d 최종적인 마무리 브러싱

브러싱의 기본은 브러시 면의 각을 이용하여 좌측 그림의 a면이 반복되면서 연결되게 빗는다.

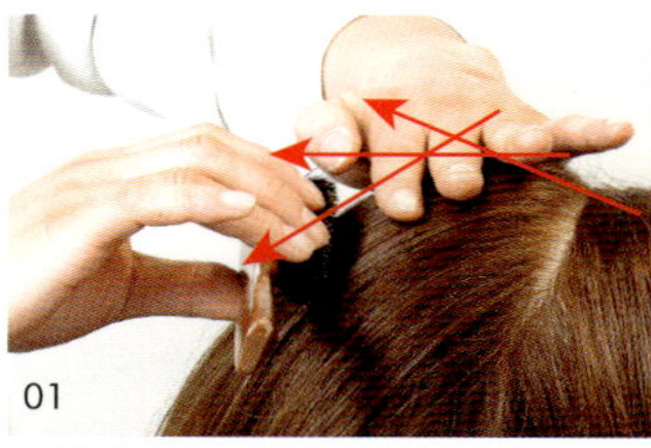

01 1, 2의 상단의 브러싱이 끝난 상태에서 손바닥으로 상단의 면을 받치고 브러시의 각 부분을 면에 올린다.

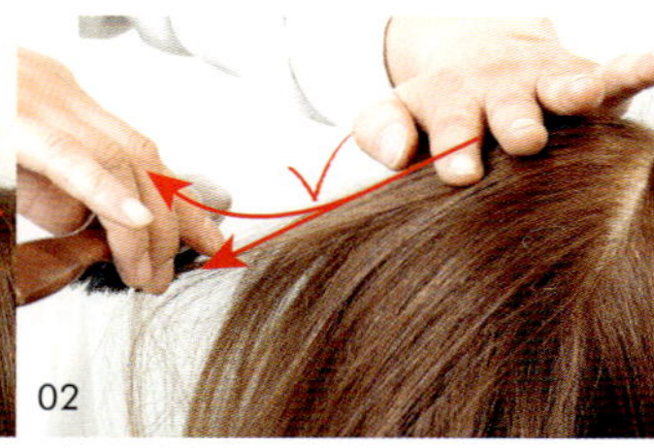

02 V체크 부위까지는 면의 각진 부위로 빗고 브러시가 회전되면서 걷어올린다.

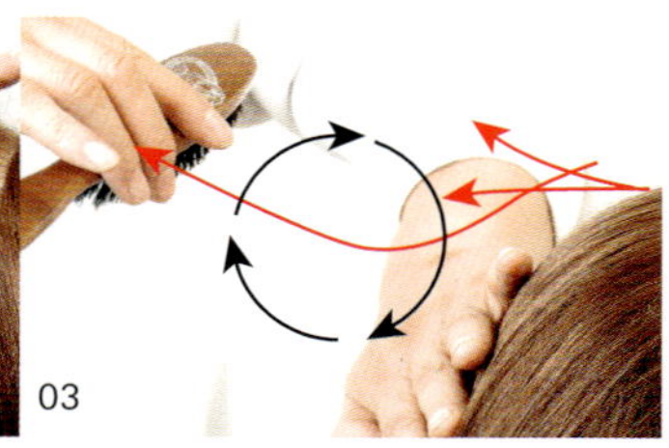

03 이 때 면이 들리기 때문에 손바닥으로 받친다. 손바닥과 손은 면에서 동시에 떨어지지 않고 교대로 둥그렇게 회전된다.

2) 기본 브러싱(패널브러싱)

섹션이나 넓은 패널을 잡고 브러싱할 때 검지를 구부리지 않고 섹션을 잡는 자세가 중요하며 브러싱의 기본은 면을 압박하지 않고 브러시 면의 측면 각을 사용하여 회전하면서 빠져나간다. 한 번 브러싱된 텐션을 최대한 흐트러뜨리지 않는 것이 포인트이며 불필요한 반복 동작을 하지 않는다.

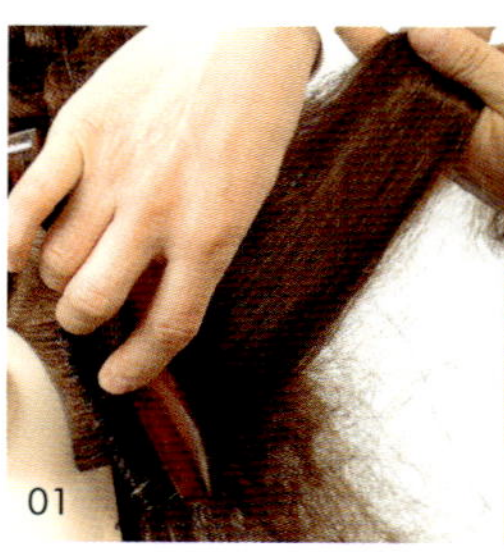

01 브러시의 측면을 헴 라인에 올려 브러시 측각의 면이 닿게 한다.

02 볼륨포인트를 벗어날 때까지 브러시 면의 측각을 사용한다.

03 패널을 잡은 근처에서부터 브러시가 회전되며 닿는 면이 넓어진다.

04 섹션을 잡고 있는 검지손가락(축)까지 브러시 면의 각을 이용한다.

05 패널이 꺾인 상태로 브러싱 되고 모류와 브러시의 방향이 일자가 되게 빠져나간다.

3) 표면의 백콤제거 브러싱

면을 이루는 표면의 상태는 백콤이 없이 매끄럽게 이루어져야 한다. 백콤을 넣은 후, 표면의 백콤을 제거하고자 할 때에는 볼륨을 건드리지 않기 위해 모근의 90도 이상 상태에서 빗는다. 업스타일은 바깥에서 걷어 올리는 형식을 따르기 때문에 모발을 걷어 올리기 전에 바깥 방향으로 빗어 표면의 백콤을 제거하고 난 후, 다음단계로 진행한다.

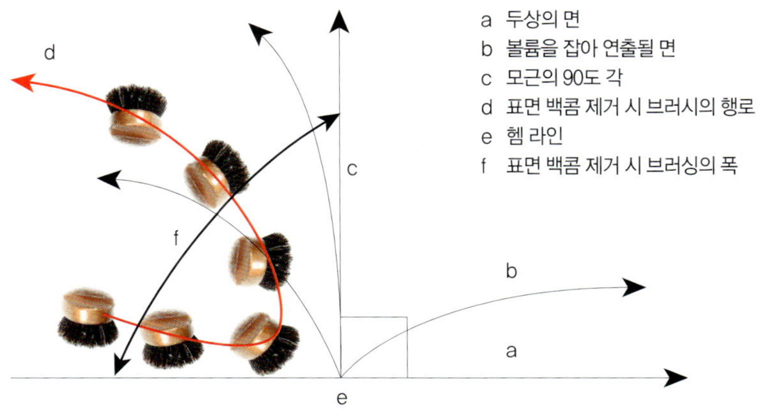

표면의 백콤을 제거할 때에는 모근의 최소 90도에서 브러싱하여야 표면의 백콤이 제거되고 볼륨을 압박하지 않는다.

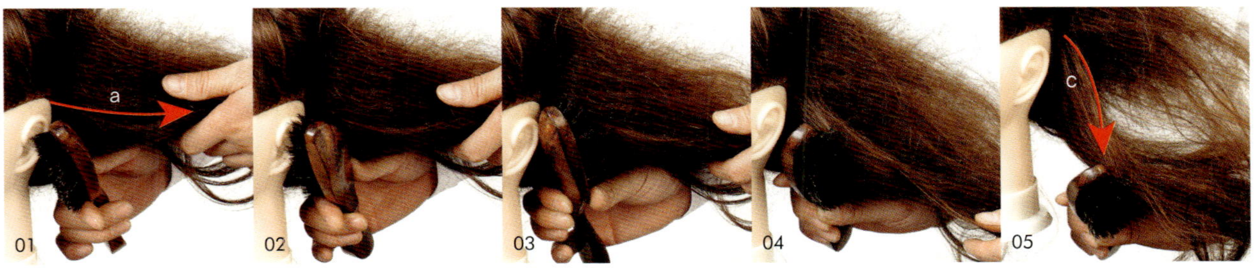

모발을 왼손으로 받치고 브러시의 측면 헴 라인에 닿게 한다.

02~03 브러시는 헴 라인에서 180도 회전하면서 표면을 브러시의 가장자리로 낚아챈다. 이 때에 90도 안쪽으로 밀어 넣으면 안 된다.

04~05 브러시에 걸린 모발을 브러싱 각을 떨어뜨리면서 넘겨야 할 방향(연출방향)의 반대 방향으로 벗겨 낸다.

○ 브러시 면의 상태

01~02 브러시가 닿는 시점에서는 브러시 면의 각을 이용한다.

브러시 면의 방향이 회전되면서 닿는 면이 넓어진다.

04~05 섹션의 진행 방향과 브러시 방향이 검지 손가락을 통과하면서 같아진다.

3. 핀(Pin)

1) 핀의 종류와 사용법

핀이 제 역할을 다하기 바란다면 사용 목적에 따라 핀의 선정과 사용 방법을 정확히 숙지해야 한다. 스타일의 형태를 유지하는데 있어 핀의 크기나 압력 정도에 따라 효과적으로 핀을 사용한다면 핀의 숫자는 훨씬 줄어 들 수 있다. 숙련된 디자이너일수록 의미 없는 핀이 없고, 하나의 핀이라도 효과적으로 사용하는 법이다. 스타일이 완성된 후에 핀이 빠져 나오거나, 보이는 핀때문에 스타일을 해쳐서는 안 된다. 핀의 선정과 사용 방법에 문제가 없다면 업스타일의 반 이상은 정복한 것이며, 반대의 경우에는 다른 과정이 아무리 뛰어나다 하더라도 완성도에서는 뒤떨어질 수밖에 없다.

○ 핀의 종류

실물 사이즈

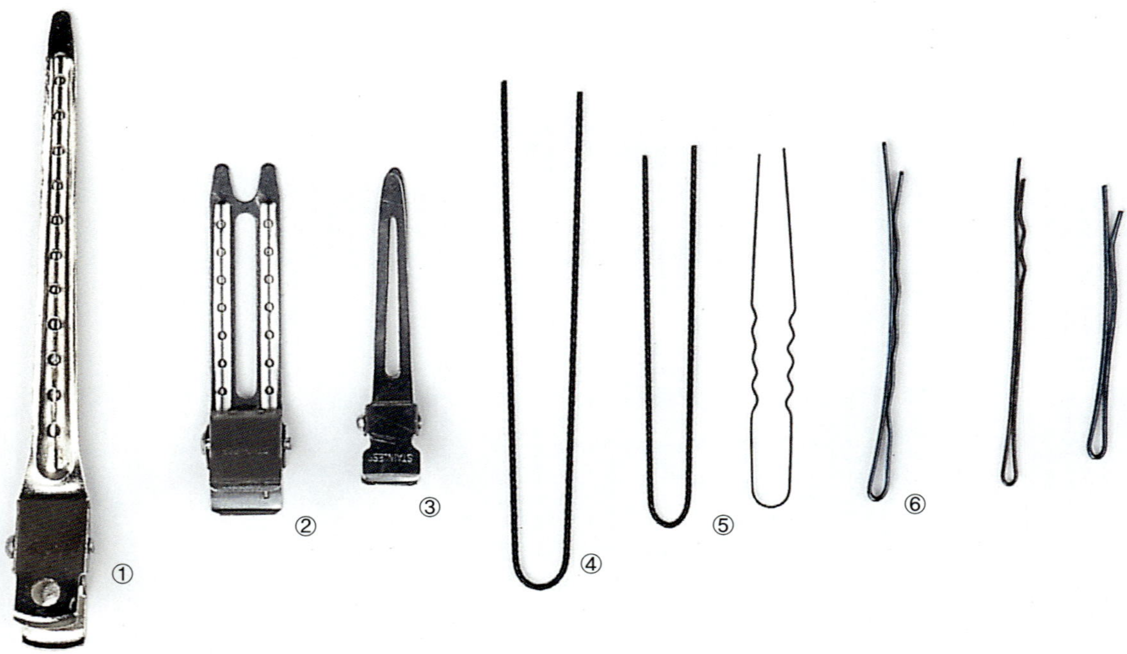

① **대핀 :** 강한 소재로 이루어져서 많은 양을 확실하게 모아서 고정할 수 있는 장점을 가지고 있는 것이 특징이다(트위스트고정). 그러나 일자핀 꽂기와 숱이 적은 모발에는 핀 자체가 크고 두껍기 때문에 오히려 고정력이 떨어지고 핀이 표면으로 드러나기 쉽다.

② **보비 핀(아메리카 핀) :** 일반적으로 가장 많이 사용하는 핀으로 대 핀과 스몰 핀의 부족한 부분을 담당한다.

③ **스몰 핀 :** 보비 핀과 같은 형태이지만 길이가 짧고 가늘며 고정력이 약하기 때문에 소량의 모발을 고정하기 좋다. 따라서 2개를 하나로 앞뒤 사용하는 경우가 많고 모량이 적고 힘이 없는 모발, 섬세한 부분에 사용하기 적당하다. 또는 볼륨을 감소시키고자 할 때 손바닥으로 면을 눌러 그 사이에 핀을 넣은 후 모발 깊숙이 꽂는다.

④ **U 핀(大) :** 많은 양의 모발을 감춰지는 부분에서 꺾어 고정하거나 부드러운 질감 표현에 사용한다. 또는 시술자의 테크닉에 따라 두 다리의 간격을 조절하여 형태를 일시 유지하는 보철(補綴)로도 사용하며, 심과 망을 고정하거나 U핀의 형태를 바꾸어 다양한 목적으로 사용한다.

⑤ **U 핀(小) :** U 핀(大)과 동일한 모양으로 용도 역시 비슷하다 하겠으나 U 핀(大)처럼 형태를 바꿔서 사용하지 않고 가늘고 작기 때문에 그다지 눈에 띠지 않아 갈고리 핀 대용으로 많이 사용한다.

⑥ **갈고리 핀 :** 일반적으로 마무리 단계에서 삐쳐 나오는 모발을 정리하거나 임시 고정된 U핀을 뽑아내고 대신 갈고리 핀을 꽂는다. 이 핀은 양끝을 5mm 정도를 꺾어서 밀어 넣으면 부드럽게 고정되고 고객이 머리를 풀 때에도 꺾였던 핀을 당기면 펴지면서 잘 빠져 나온다. 〈U 핀 끝을 꺾어 사용하는 것은 좋은 방법이 아니다〉

2) 핀의 파지법과 꽂기

◎ 파지법

01

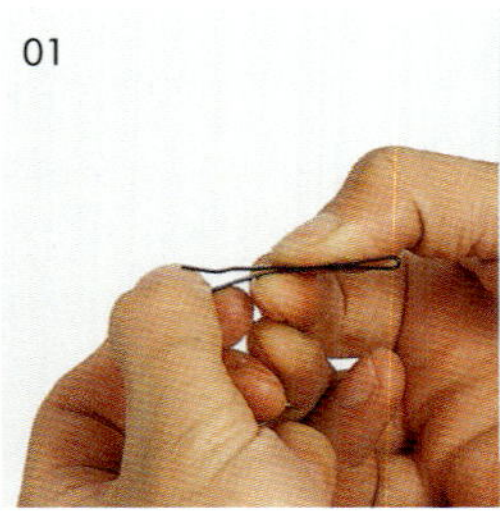

오른손으로 핀의 중심을 잡고 왼손 엄지와 검지로 핀 다리 아래를 잡아 벌려 준다.

02

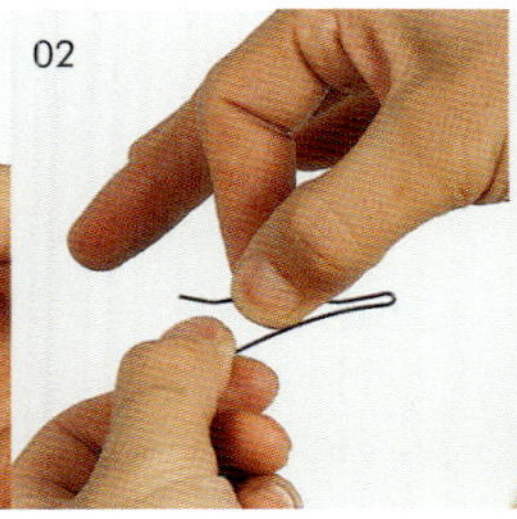

오른손 엄지와 검지로 핀 윗 부분을 잡아 올려 핀 사이를 벌린다.

03

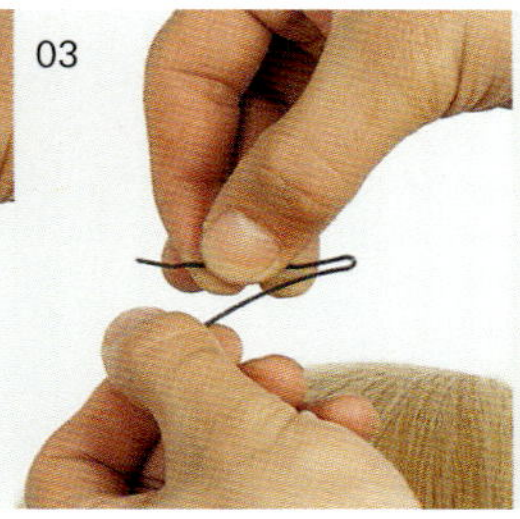

벌린 틈을 이용하여 오른손의 약지를 밀착시킨다.

04

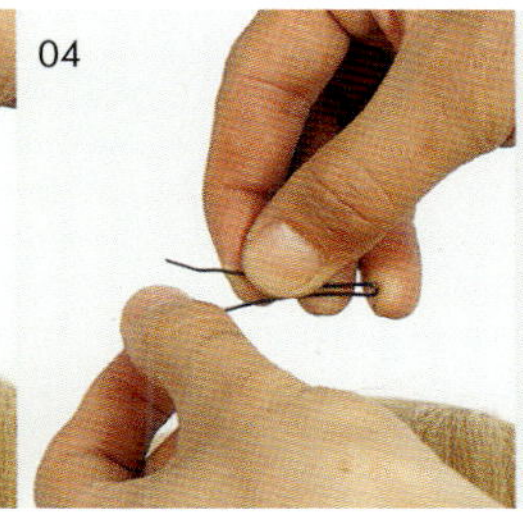

엄지와 검지 손가락으로 핀 사이를 벌려 밀착하고 약지로 핀 머리를 받친다.

05

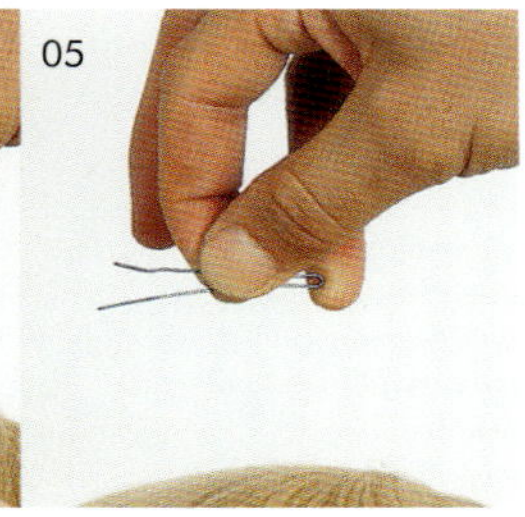

핀의 바른 파지법

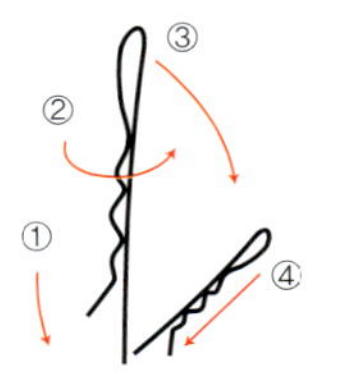

핀의 운동

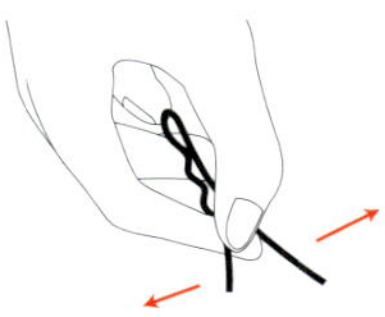

핀의 파지법

◎ 기본 꽂기

핀은 종류에 관계 없이 모발 흐름에 대하여 직각을 이루도록 하는 것이 기본 고정 방법이다.

01

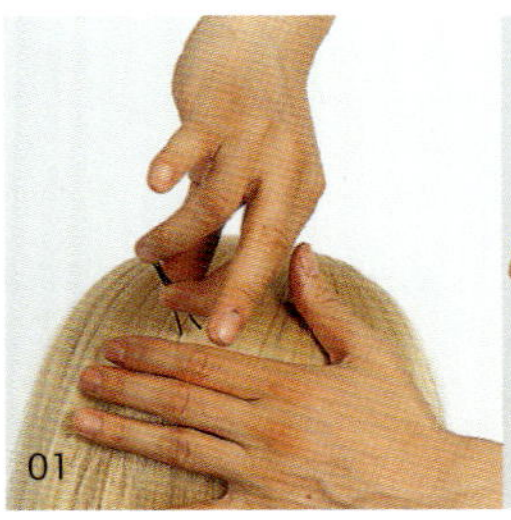

핀이 모근(토대)과 고정해야할 부분이 서로 물리도록 손가락으로 핀이 위치할 부분을 두피에 밀착한 후 핀을 직각으로 세운다.

02

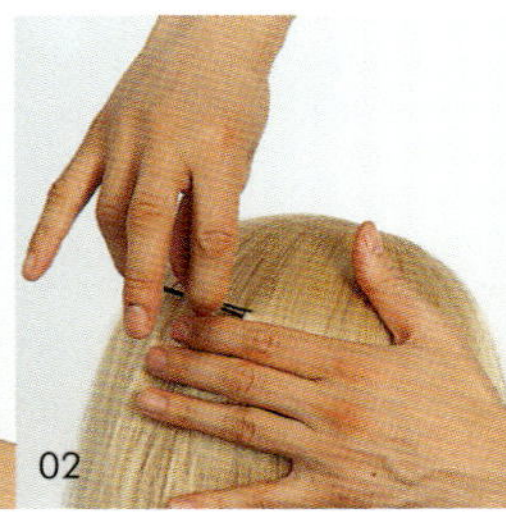

파지법에 충실한 상태에서 모발 흐름에 대한 직각이 되도록 한다.

03

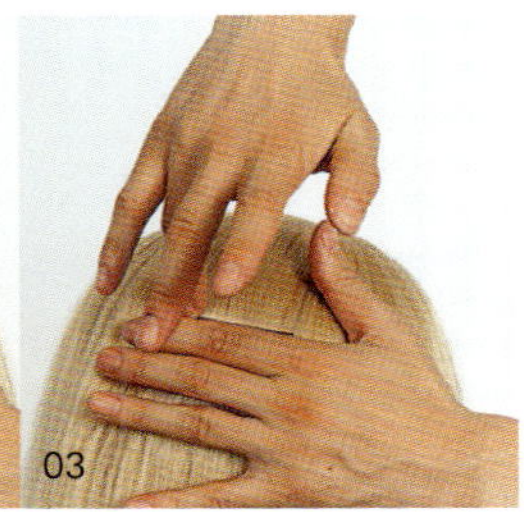

핀이 안정감 있게 꽂히기 전까지는 핀을 쥐고 있는 엄지손가락과 검지 손가락이 끝까지 받쳐 준 상태에서 약지로 깊숙이 밀어 넣는다.

※ 핀 속에 과다한 양의 모발이 들어가면 오히려 고정력을 약화시킬 수 있다.
핀 자체의 탄력이 유지될 수 있는 모량 조절이 필요하다.
(핀 다리가 평행을 유지할 수 없을 정도로 모량이 들어가면 들린 핀 양끝의 모발은 고정력이 떨어지면서 다리 사이로 빠져 나와 탄력이 느슨해진다.)

↳ 핀의 양쪽 부위는 고정력을 잃는다.

◎ 일직선과 라운드 고정법

넓은 면을 직각으로 고정할 때 사용하는 방법으로 핀과 핀이 1cm 상회할 정도 겹치도록 서로 붙는 일직선상에 꽂는다. 둥그런 두형(강한 곡선부위)에서 가로로 길게 꽂아야 할 경우에는 긴 보비 핀보다는 길이가 짧은 스몰 핀이 더 용이하다. 마지막에 꽂는 핀은 반드시 반대 방향에서 하나 꽂아 주어야 한다.

가로 일직선

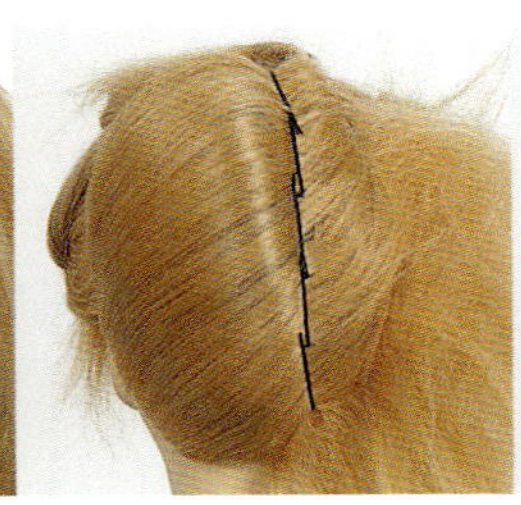

세로 일직선

다운 라운드

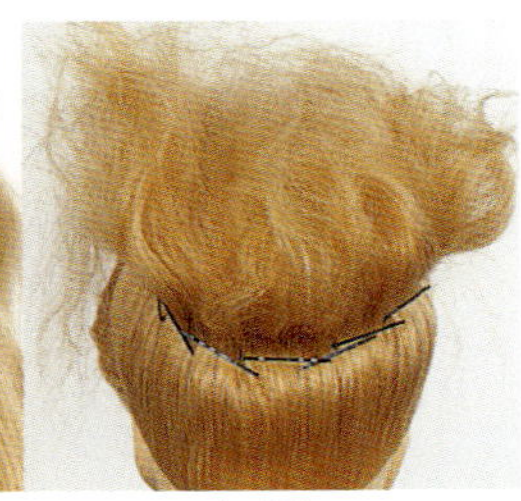

업 라운드

4. 세팅(Setting)

업스타일의 시술 과정에서 가정 먼저 선행되는 세팅 과정은 디자인에 따라서는 불필요할 수도 있지만 시뇽의 연출과 양감이 있는 우아한 디자인을 연출하기 위해서는 빠뜨릴 수 없는 과정이다. 디자인의 구상에 따라 롤의 굵기와 섹션, 스템의 길이를 프런트의 디자인에 따라서 와인딩의 방법을 달리한다.

업 기본형(G/P방향)

다운 기본형(N/P방향)

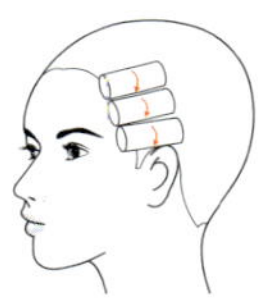

잘못된 사이드

롤과 와인딩

강한 컬을 이용한 컬시뇽이나 믹스시뇽 또는 짧은 모발에 대응하여 가는 롤을 사용하는 경우가 아니면 굵은 롤로 와인딩하는 것이 릿지의 탄력이 부드러워 모발을 컨트롤 하는데 용이하다. 프런트는 디자인 방향에 따라 와인딩하고 백 시뇽은 N/P방향, 그 외에는 G/P 방향으로 와인딩하는 것이 일반적이다. 주의할 것은 다운 스타일이라도 사이드는 버티컬 섹션으로 와인딩하고 핀은 두피에서 고정시켜 핀 자국이 표면에 남지 않도록 한다는 점이다. 또한 모발 끝을 매끈하게 말아야 모발 끝 부분이 깨끗하게 정리가 되며, 꺾인 상태에서 말리게 되면 마무리가 깔끔하지 못할 뿐 아니라, 모발 손상의 원인이 된다.

스템(stem)

일반적인 디자인에는 스탠드 스템(stand stem), 양감있는 디자인에는 업 스템(up stem), 볼륨없이 두피에 밀착되는 디자인에는 다운 스템(down stem)으로 와인딩 한다. 요는 디자인될 양감의 흐름 방향으로 스템을 크게 설정하고, 타이트한 디자인이라면 그 방향으로 스템을 낮추는 것이다.

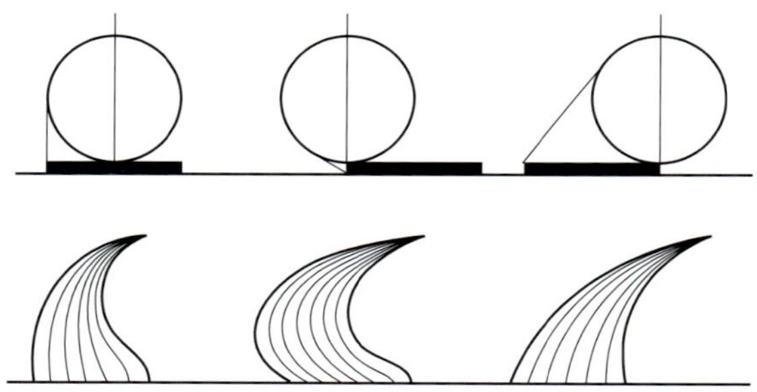

스탠드 스템 업 스템 다운 스템

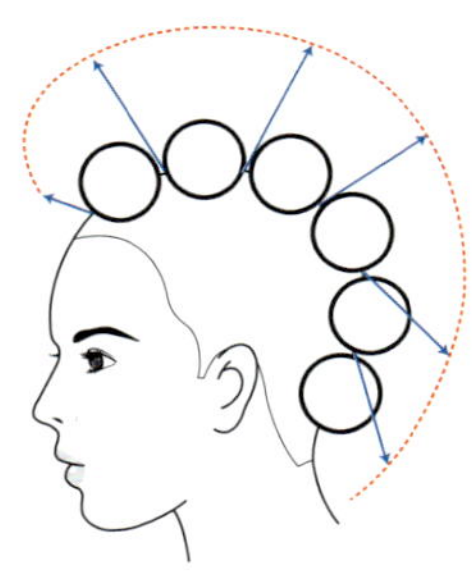

와인딩의 각과 볼륨

전기 세팅

빠져 나오는 잔머리를 애써 말 필요는 없다. 시술의 장애는 되지 않는다. 다만 세팅에 의한 슬라이스 선과 핀 자국에 주의하여 모발 흐름을 따라 와인딩한다.

전기 세팅

아이롱 세팅

컬의 탄력이 좋으며 정확한 릿지를 나타낸다. 컬의 크기 조절이 가능하며 가로 세로의 롤링에 따라 질감이 다르게 나타나고 내추럴하고 업스타일에 용이하다.

5. 묶기

포니 테일 스타일이나 모량과 실루엣의 조절, 그리고 땋기 등에서 반드시 거치는 과정으로 묶는 도구로는 고무밴드와 끈고무줄이 있다.

○ 묶는 방법

• **고무밴드 묶기 :** 모량이 적고 많은 힘을 받지 않을 경우에 사용하며 스몰핀이나 U핀(소)을 이용하여 고정시킨다.

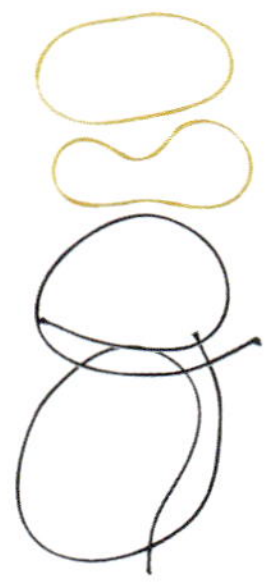

고무밴드와 끈밴드

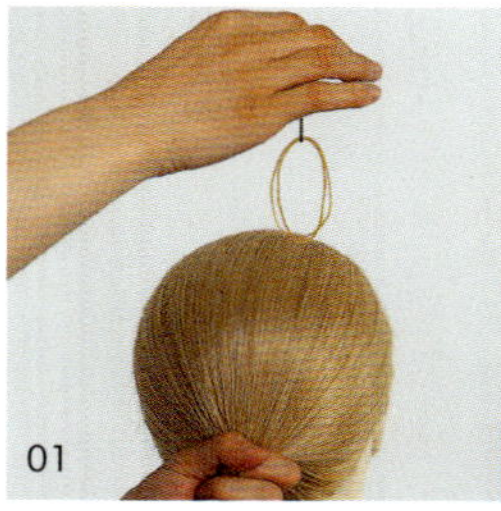

01 모발을 엄지와 검지 사이 깊숙이 밀어 넣어 잡고 보비핀 다리 사이에 고무밴드 두 개를 넣는다.

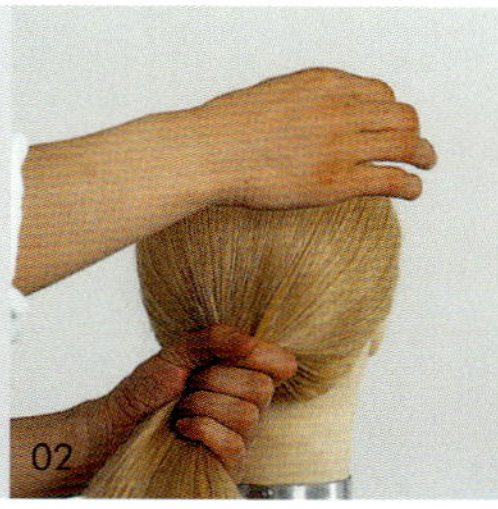

02 검지 손가락에 고무밴드를 건다.

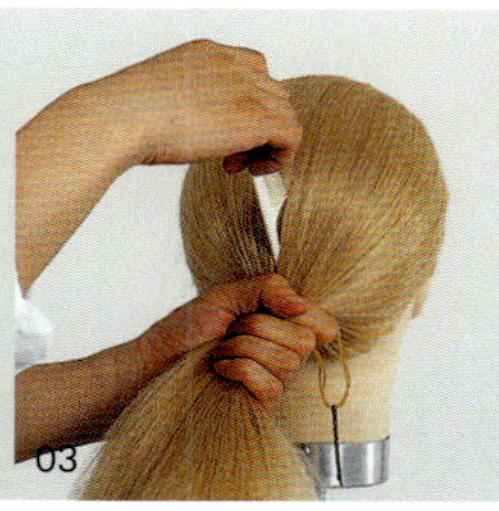

03 빗을 꽂아 빗 안으로 감아 돌리면 훨씬 타이트하게 묶이게 된다.

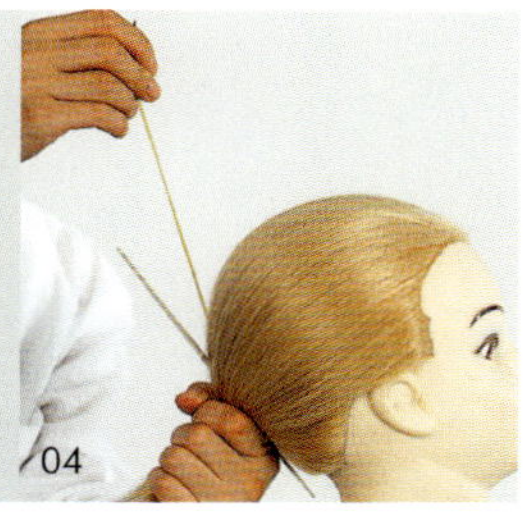

04 고무밴드가 느슨하지 않을 때까지 감아 돌린다.

05 검지 손가락에 걸었던 밴드를 핀 속으로 넣는다.

06 빗을 빼내고 고무가 빠지지 않도록 하여 직각으로 세워 꽂는다.

07 완성

• **백콤으로 마무리하기**

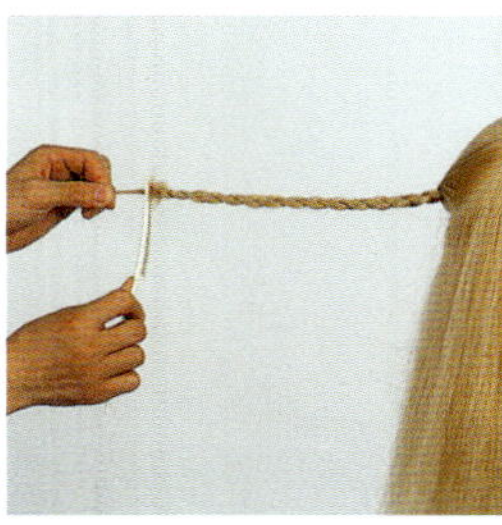

더 이상 땋을 수 없는 곳에서 백콤한 후 스프레이한다.

• **극소량 모발 묶기 :** 땋고 난 후에 적은 모량을 묶고자 할 경우

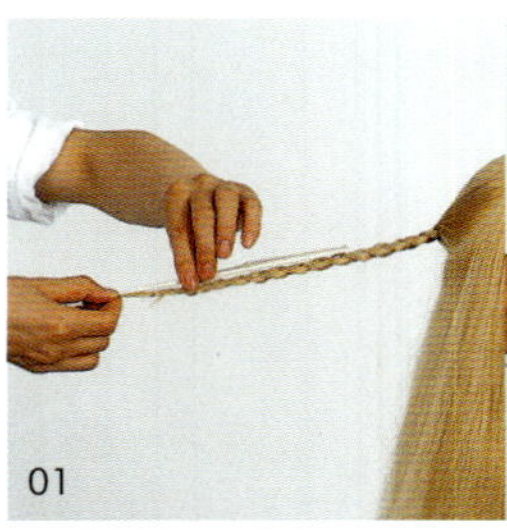

01 꼬리 빗과 모발을 함께 묶는다.

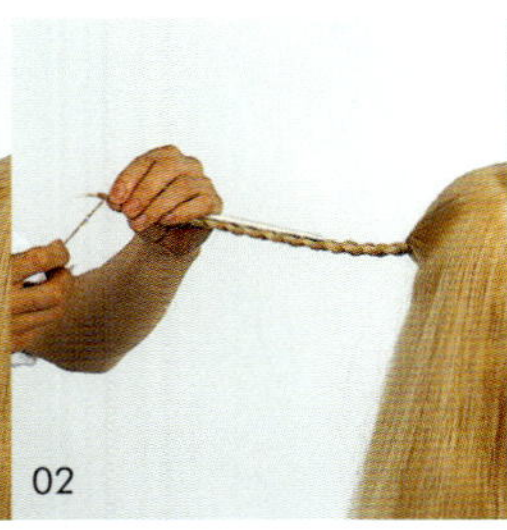

02

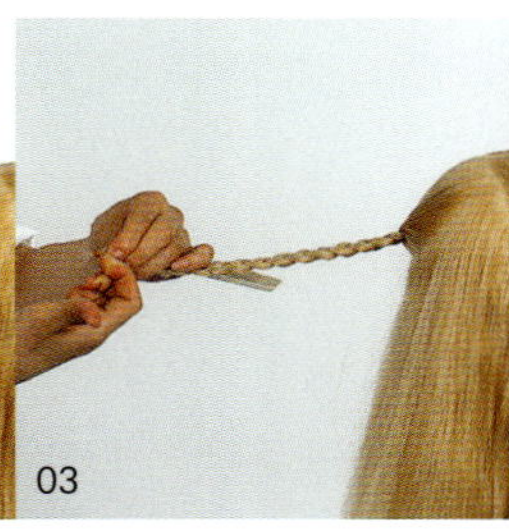

03

02~03 고무밴드가 느슨하지 않을 때까지 감는다.

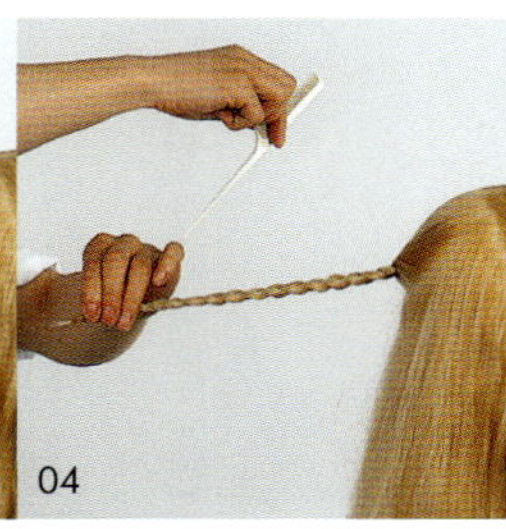

04 꼬리빗을 뺀다.

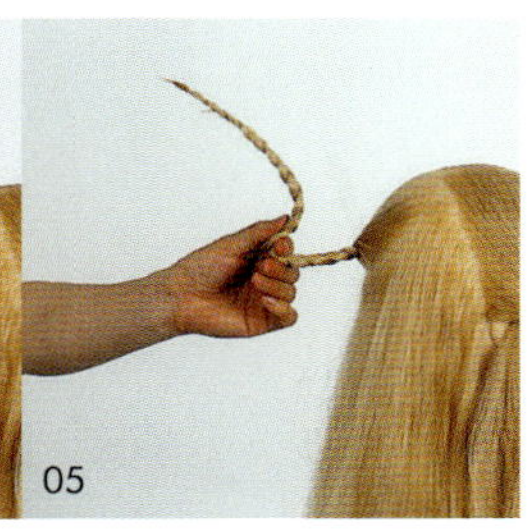

05 완성

• **끈고무 묶기** : 모량이 많고 힘을 많이 받는 모발 묶기에 사용한다.

밴드 핀걸이

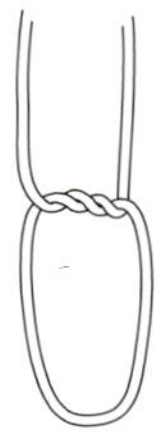

끈 밴드 매듭

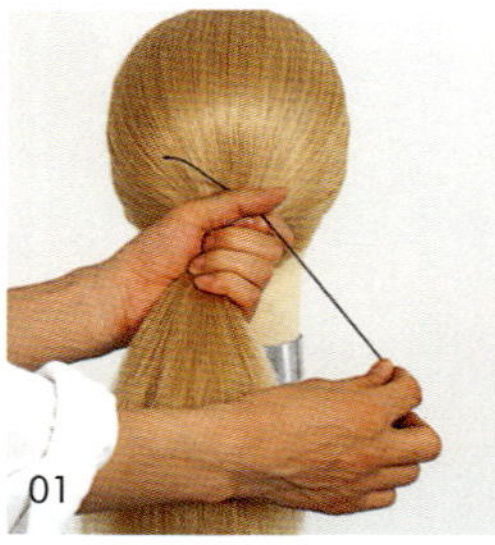

01 엄지와 검지 사이 깊숙하게 머리카락을 집어 넣고 나머지 손가락으로 엄지와 검지 사이에 끈고무를 잡는다

02 끈고무를 2바퀴 타이트하게 감는다.

03 한 손으로 두 가닥을 잡아 당기면서 모발을 잡고 있던 손은 끈 양쪽을 풀리지 않게 잡는다.

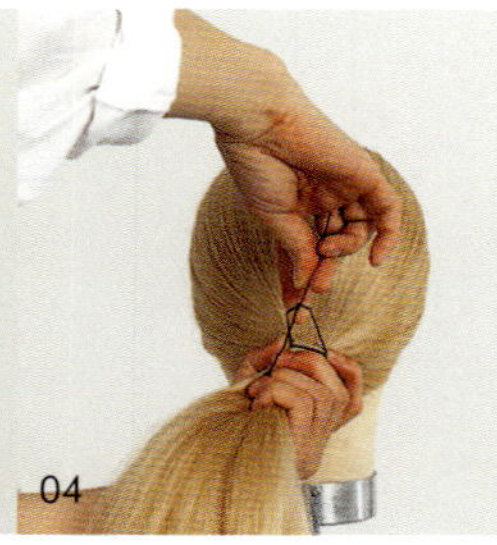

04 끈을 한 번 감는다.

05 매듭을 짓지 않고 다시 한 번 감아 돌린다.

06

07

06~07 두 번 감은 끈을 바짝 들어 텐션을 강하게 한 상태에서 당겨 쥔다.

08 감아 돌린 자리에 스프레이를 한다.

* 완전 매듭을 하지 않아도 풀리지 않는 이유는 까칠한 끈 표면를 당긴 상태에서 스프레이를 하기 때문에 밀리지 않아 풀리지 않게 된다. 풀고자 할 때에는 한쪽 끈을 당기면 쉽게 풀린다.

6. 백콤(Back comb)

백콤은 모발을 두피 방향으로 밀어 넣는 방법으로 볼륨, 방향, 면의 연결, 토대, 핀 고정 등 여러 가지의 목적에 따라 이용한다. 또한 슬라이스의 방향, 빗의 사용 방법, 모발을 쥐는 왼손의 역할에 따라 백콤의 양에 영향을 미친다.

○ 백콤의 준비

백콤은 빗을 반대 방향으로 밀어 넣어 모발이 두피에 얽혀 쌓이도록 하는 것으로, 커트 선은 브런트 커트 보다 스트록 커트, 직선 모발보다는 곡선의 모발, 설렁한 빗보다 쫌쫌한 빗, 탄력있는 건강모보다는 손상된 머릿결이 밀어 넣는데 용이하다.

● 모발과 빗의 파지법

꼬리빗의 파지

모발 파지법

- **빗의 파지법 :** 엄지로 밀고 검지는 당기듯이 하고 빗꼬리는 손날에 받쳐 잡는다. 빗은 일반적으로 꼬리빗을 사용하지만 기본 원리를 깨우친다면 다른 형태의 빗의 장점을 살려 사용할 수가 있다.
- **모발의 파지법 :** 손가락 사이에 끼워서 꺾으므로 해서〈도르래 방식〉 빗이 두피 방향으로 밀고 들어 갈 때 필요 이상의 모발이 손가락 사이에서 빠져 나가지 않아 일정한 역모와 부드러운 쿠션과 같은 백콤을 넣을 수 있다.
- **모발의 흐름과 슬라이스의 방향 :** 모발 흐름에 대하여 직각으로 벽돌쌓기와 같이 슬라이스 하는 것이 기본이다. 슬라이스 폭(빗살 길이와 비례)은 일정한 양을 유지하여야 하고 얇은 부분과 두꺼운 부분이 있게 되면 백콤이 얼룩 질수 있다.

● 모발의 방향과 슬라이스 선

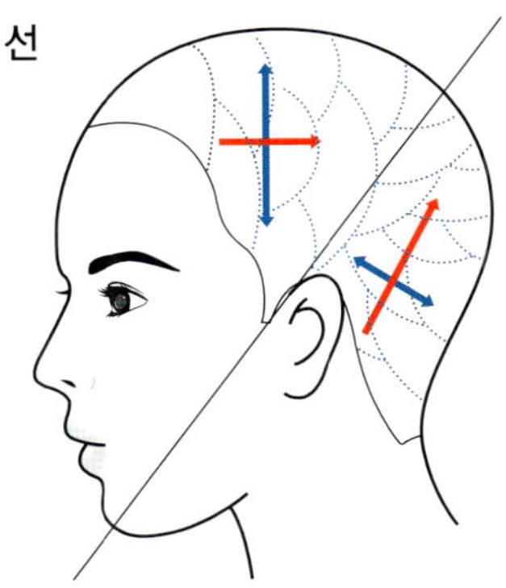

빗살 끝의 운용

백콤을 넣는 빗의 위치는 빗살 끝이다. 모든 도구의 주된 힘은 끝자락에 있다. 빗살 끝에 힘이 실릴 수 있도록 잡고 빗살 끝의 롤링으로 빗살 끝에 힘을 실어 무게감 있게 밀어 넣게 된다. 빗이 섹션의 측면을 밀게 되면 모발이 빗 끝에 걸리지 않고 빗몸에 밀착되면서 딱딱한 상태의 백콤으로 나타난다. 백콤 중에 섹션이 휘어지는 상태는 빗몸이 밀고 있는 경우로 표면 백콤을 제외한 백콤의 경우에는 있을 수 없다. 이와 같이 빗의 사용은 백콤을 넣는 목적, 백콤의 양, 백콤을 넣는 위치 등에 따라 달리하는데 이를 모근 백콤, 양감 백콤, 면 백콤, 표면 백콤, 2단 백콤으로 분류한다.

빗의 롤링

빗이 회전되면서 빗살 끝에 힘을 실어 모발을 밀어 넣는 것이 백콤이다. 이때 롤링은 빗 몸이 회전축이 되는 것이 아니라 빗살의 끝을 중심으로 회전된다. 빗몸을 축으로 회전하면 빗살 끝에 힘이 실리지 않아 모발을 밀어내지 못하고 백콤 형성이 어려워진다.

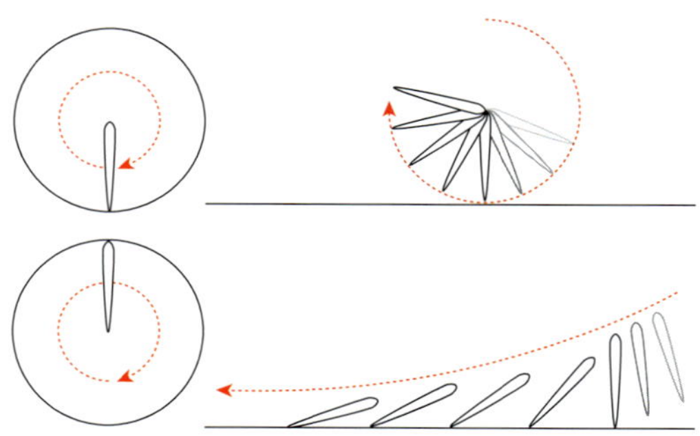

잘못된 롤링
빗몸이 회전축이 되면 빗살끝에 힘이 실리지 못한다.
백콤이 안되는 주된 이유이다.
(빗살 끝의 행로가 곡선이다)

좋은 롤링
빗살끝을 힘의 축으로 하여 자리이동하면서 롤링이 된다.
빗살 끝의 흔적은 섹션과 평행이 되도록 직선을 이룬다.
빗꼬리에 강한 힘이 실리면서 모발이 밀려들어 간다.
(빗살 끝의 행로가 직선이다)

1) 모근 백콤

모근 백콤의 성격

모근 백콤은 핀이 꽂히는 토대와 볼륨을 담당한다. 두상의 모근이 쓰러지지 않으려는 힘에 의해 나타나는 바운드를 볼륨이라 한다. 드라이, 퍼마의 볼륨도 모근이 쓰러지지 않으면서 볼륨을 발생시킨다. 업스타일의 볼륨도 모근이 쓰러지지 않도록 하는 작업으로 주체적인 1차의 볼륨을 만들어 낸다. 드라이의 볼륨과 달리 업스타일은 백콤을 넣고 난 후에 묶거나 빗는 과정에서 장력이 발생한다. 이러한 힘에 모근이 쓰러지지 않고 버틸 수 있을 때 볼륨이 된다. 모근 백콤은 백콤에 대한 모발의 양이 볼륨을 만든다는 기대보다는 백콤이 모근의 버팀 역할을 한다는 생각을 갖고 작업에 임한다.

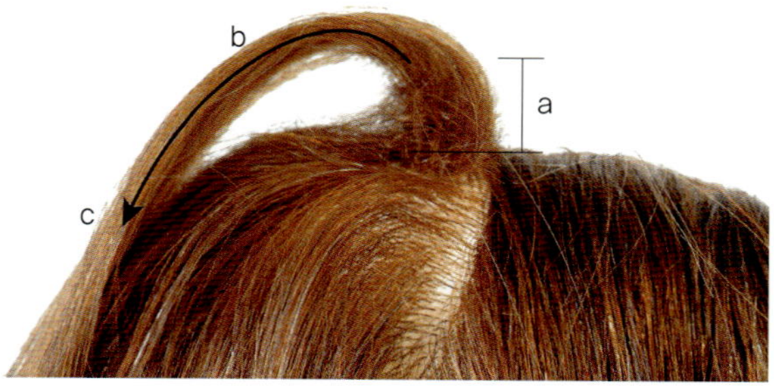

a의 높이는 백콤이 들어간 높이이며 볼륨의 높이이다. c의 끝자락에서 당겨도 a의 부분이 쓰러지지 않을 때에만 볼륨이라 한다. 모근이 쓰러지고 백콤의 양에 의해서만 잡히는 볼륨은 이상적인 볼륨을 만들어 내지 못한다. b에 백콤이 더해져 다른 모근 백콤 위에 놓여 2차 볼륨을 나타낸다.

모근 백콤 넣기

모근 백콤을 넣는 목적은 핀이 자리할 토대를 만들거나 볼륨, 다음 단계의 백콤이 원활하게 이루어지도록 손에서 잡고 있는 섹션에서 모발이 빠져나오게 하는 작업을 동시에 한다. 이렇게 늘어진 모발은 다음 과정의 양감이나 면 백콤 작업에 영향을 미친다. 백콤이 잘 이루어지지 않는다는 것은 늘어진 모발이 상대적으로 없기 때문이다. 모근 백콤은 두피에서 3~4cm 위에서 빗 끝에 힘을 실어 회전각을 그리며 온더 베이스로 모근까지 밀어 넣는다. 밀어 넣을 때 편심장력에 반하는 편심압력으로 묵직하게 밀면서 한 박자 쉬듯이 빠져나온다.

부츠 신기의 힘

부츠에 발을 넣어 신을 때 발(빗)에 힘을 주어 밀어넣을까요? 아니면 부츠(섹션)를 당기면서 신게 될까요? 힘이 동시에 미치는듯하지만 힘의 주체는 부츠이고 부츠를 당기때 발이 밀게 된다.
따라서 빗으로 미는 것보다 섹션을 당기는 것이 주용한 힘이다. 섹션과 밀어넣는 빗의 힘 관계는 백콤의 핵심이다.

섹션 측면

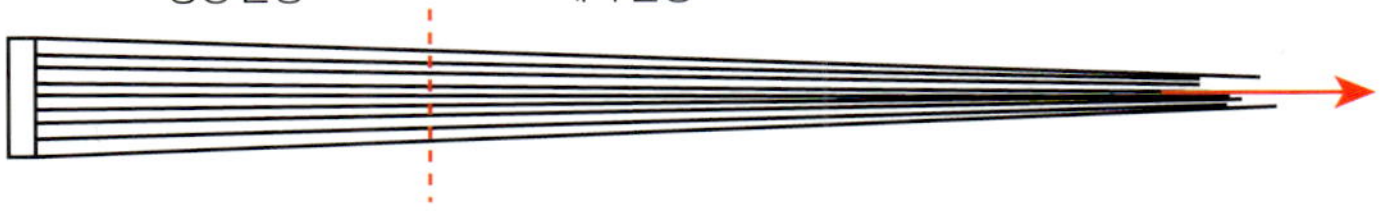

섹션은 최소 두피의 90도를 기본으로 하여 와인딩과 같은 단순장력으로 잡는다.

빗살 회전 폭

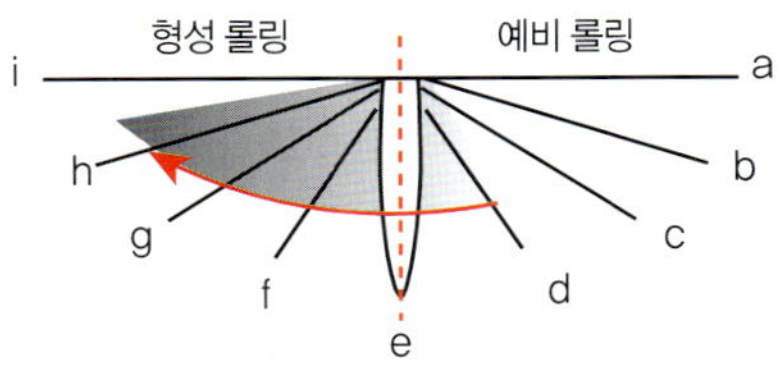

모근 백콤의 빗살 회전 폭은 180도가 되지 않는다.
숏 스트록의 동작과 유사하게 d에서 h, i의 폭을 갖는다.

예비 롤링 단계

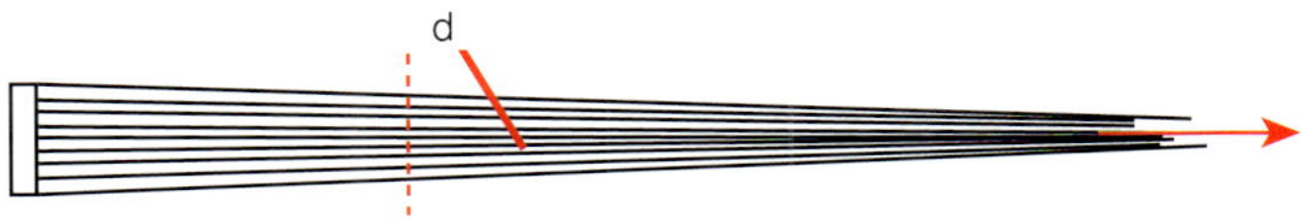

빗살이 색션의 직각과 만나는 전 단계가 예비 롤링 단계로 모근 백콤은 3~4cm 정도의 거리에서 시작된다.

형성 롤링 단계

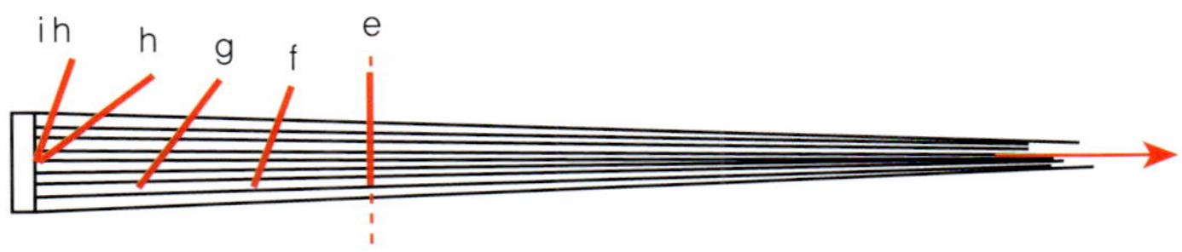

빗살끝에 힘을 실어 온더 베이스로 h, i 까지 회전력의 힘으로 두피를 눌러 넣고
빗이 빠져나오는 과정에 긁어내는 듯한 느낌으로 빠져 나온다.
긁어내는 느낌은 뭉침을 방지하고 늘어지는 모발을 양산하여 다음 동작에서 백콤이 잘 들어가도록 돕는 행위이다.

작업이미지

01

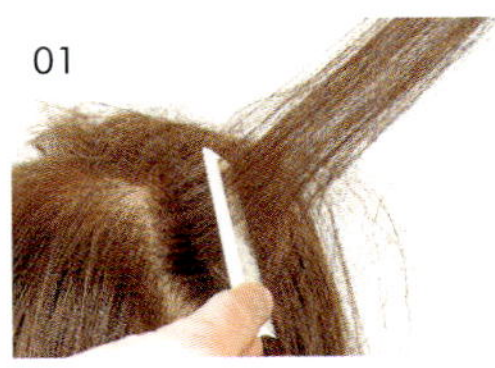

모근 3~4cm 높이에서 시작한다.

02

섹션을 밀지 않고 빗살 끝에 힘을 실어 검지로 밀어내린다.

03

빗살은 두피에 최소한 눕혀 빗살 끝으로 누르고 빗몸은 닿지 않는다.

※ 빗은 잡는 것이 아니며 위에서 검지로 누르고 엄지로 받친다는 느낌으로 힘을 사용한다.

섹션과 빗살각

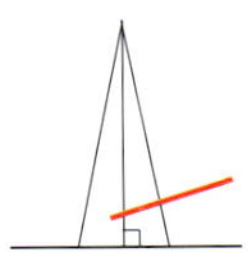

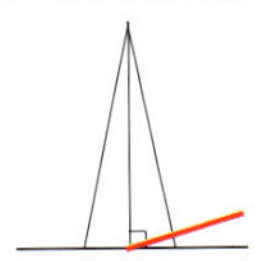

2) 양감 백콤〈백콤 NO.2〉

볼륨감 있는 면의 연출과 토대를 만드는 경우에 활용되는 업스타일의 기본 백콤이다. 빗의 롤링과 함께 모선을 따라 롱 스트록 동작으로 모근에까지 빗 끝이 닿게 된다. 긴 머리일지라도 빗이 섹션과 닿은 위치는 모근에서 5cm 정도이며 닿는 시점에서 섹션과 빗살각은 직각상태가 되어야 한다.

이때부터 빗 끝에 모발이 걸리면서 백콤이 시작된다. 양감 백콤은 모근 백콤처럼 직각으로 쌓이는 것이 아니라 퍼지면서 쌓이게 된다. 따라서 빗이 두피에 닿을 때에는 베이스를 벗어난 위치에 놓인다. 오프더베이스로 빗이 놓인다는 것은 빗살 끝에 걸린 모발과 섹션이 서로 찢듯이 엇갈린 방향 상태에서 두피를 향하였을 때에 나타나는 현상으로 쿠션감 있는 백콤을 얻을 수 있다.

섹션 측면

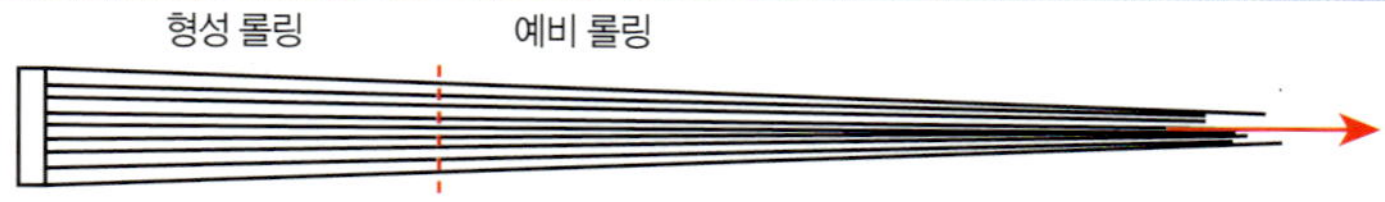

섹션은 두피의 90도를 기본으로 와인딩과 같은 단순장력으로 잡는다.

빗살 회전 폭

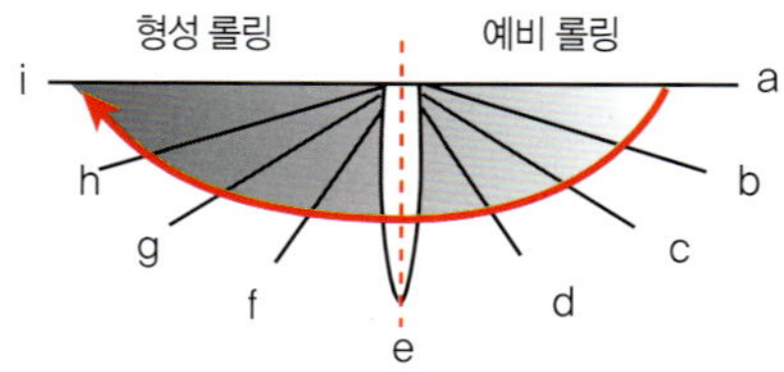

양감 백콤은 빗살회전 폭이 180도가 되면서 롱 스트록의 동작과 유사하게 a부터 i까지의 빗살회전 폭을 갖는다.

예비 롤링 단계

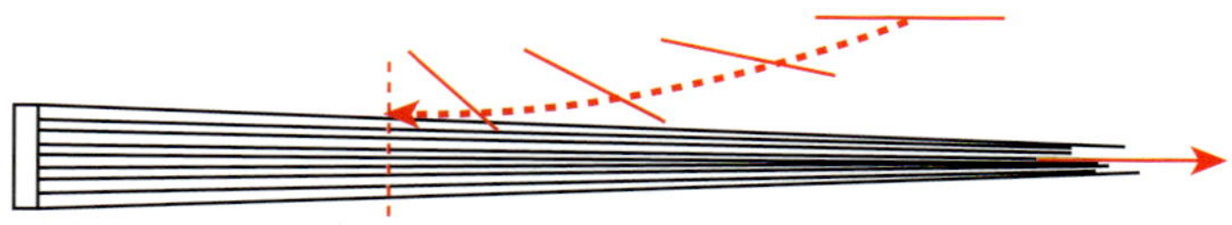

손을 들어올리면서부터 빗살각을 의식하며 예비 롤링이 시작되었다고 여긴다. 특히 빗살 끝이 섹션에 닿을 때에는 섹션과 직각(e) 상태로 닿게 된다. 빗살이 섹션에 깊이 들어가거나 누운 상태로 닿게 되면 모근에 닿을 때까지 빗살이 세워지지 않고 짓누르게 되어 백콤이 딱딱해지는 원인이 된다.

형성 롤링 단계

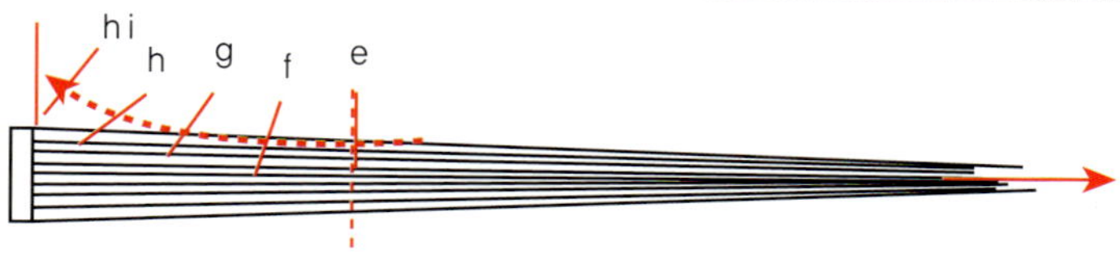

예비 롤링에서 비축된 빗살의 힘을 이용하여 두피까지 밀고들어가 최종적으로 찢게 된다.
백콤이 형성되는 단계는 모근에서 5㎝ 정도에서 빗살각과 섹션이 직각으로 만난 상태에서 빗살끝이 회전되면서 늘어진 모발을 밀고들어가고 섹션을 잡는 힘과 빗살에 걸려있는 모발 간의 힘겨루기를 통하여 모근 근접부위부터 찢겨지고 빗은 베이스를 벗어나게 된다.

빗과 섹션의 관계

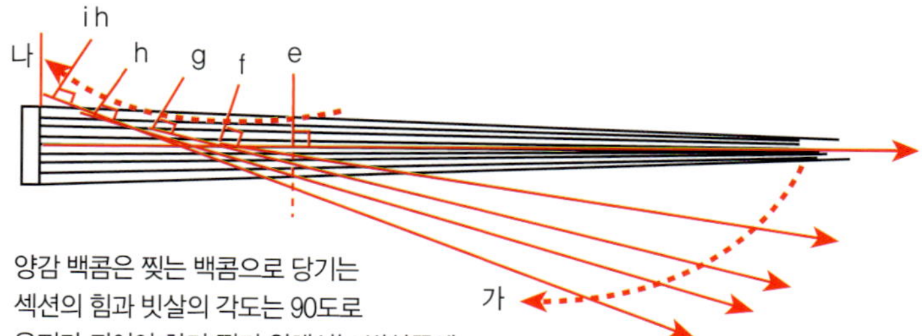

양감 백콤은 찢는 백콤으로 당기는 섹션의 힘과 빗살의 각도는 90도로 유지가 되어야 하며 찢기 위해서는 빗살끝에 모발이 걸려야 하고 걸고 있는 텐션과 당기는 텐션이 서로 맞선 상태에서 섹션의 축을 '가' 와 같이 이동하는 순간 빗살에 걸려 있는 백콤이 긴장되어 '가' 는 아래로 '나' 는 반대의 위를 향하면서 찢어지게 된다. 빗살끝에 걸린 모발을 유지하려는 빗살의 각과 '가' 의 축이 직각이 유지되어야 찢기고 부드럽고 쿠션감 있는 백콤이 형성된다.

두피 90도 각에서 섹션을 잡은 다음 들어 올리면서 빗살의 각이 섹션과 수평에서 시작하여 회전각 d의 회전을 한다.

빗살의 회전각 c, d로 회전하며 빗살 끝의 힘을 실는다. 이 때까지 모발과 접하지 않는다.

회전각 e의 상태로 섹션과 직각이다. 모발과 접하는 시점은 섹션과 직각 90도에서 만나게 된다. 이 때부터 늘어진 모발을 끌고 모근을 향하게 된다.

손목의 회전력으로 힘을 실어 엄지손가락으로 빗을 누르면서 밀고 들어간다. 빗에 롤링의 힘을 주지만 빗살 끝에 모발이 걸려 실제의 롤링은 일어나지 않는다.

롤링의 회전력에 빗끝에 힘이 있으며 빗끝에 걸린 모발은 섹션을 다운시키면서 섹션과 빗끝의 힘은 서로 맞서게 된다.

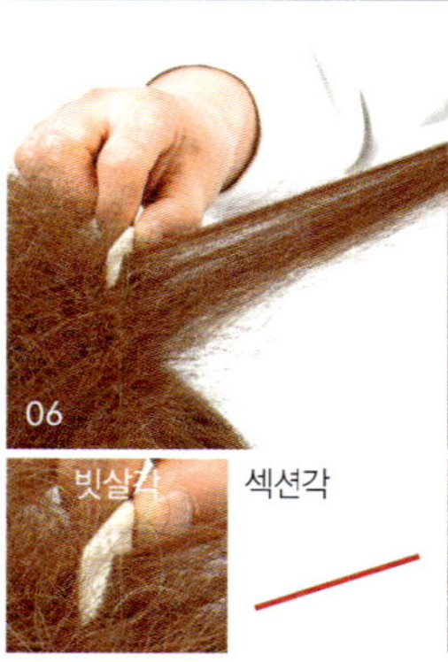

빗살의 모발과 섹션이 힘겨루기에서 찢겨지기가 이루어지고 있는 시점이다. 섹션은 절대 늘어져서는 않된다.

온더베이스로 잡았던 섹션은 오프더베이스로 향하고 있고 빗살에 걸린 모발 역시 베이스를 벗어가고 있다.

섹션과 빗끝은 힘의 반작용에 의해 맞서고 있기 때문에 힘은 직선이듯이 빗살도 섹션과 직각에 가까운 느낌이다.

두피에 닿은 상태에서는 빗살의 각이 g, h의 각을 갖고 베이스를 벗어난다. 벗어난 만큼 부풀어진다.

백콤을 넣은 후 쿠션감 있는 부드러운 백콤의 상태로 슬라이스 자국이 보이지 않아야 한다. 그림처럼 늘어진 모발은 다음 동작에서 빗의 롤링에 의해 쓸고 갈 모발이다.

– 양감 백콤 중심으로 이루어진 스타일 (예)

3) 면 백콤〈백콤 NO.3〉

모근 백콤을 넣고 나서 모단까지 일정한 간격으로 넣는 백콤을 말한다. 섹션에 두께감 있는 상태를 만들어 패널의 두께감을 할용하고자 할 때, 패널을 말고 들어가는 롤 연출 또는 볼륨을 필요로 하지 않지만 원활한 작업을 위해 면 백콤을 넣는다. 빗살이 섹션에 직각으로 들어가 모근에서부터 일정한 간격으로 롤링 없이 빗살로 밀어 넣는 동작으로 연출한다. 일반적으로 모근 백콤을 베이스로 넣고 그 위로 면 백콤을 넣는다. 모근 백콤이 완료된 후의 상태는 베이스의 폭과 섹션의 두께감이 동일하거나 그 이상의 두께감이 나타나야한다.

섹션 측면

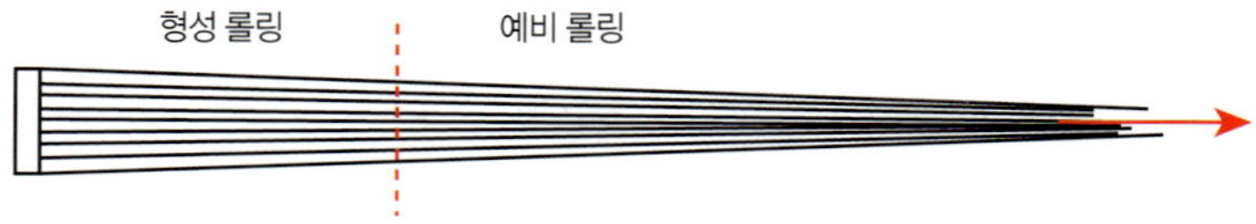

섹션은 두피의 90도를 기본으로 와인딩과 같은 단순장력으로 잡는다.

빗살 회전 폭

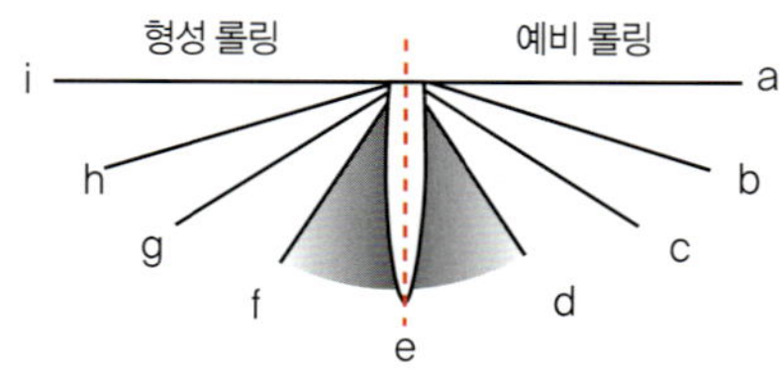

빗살 회전 폭은 미세하다.

빗의 운동

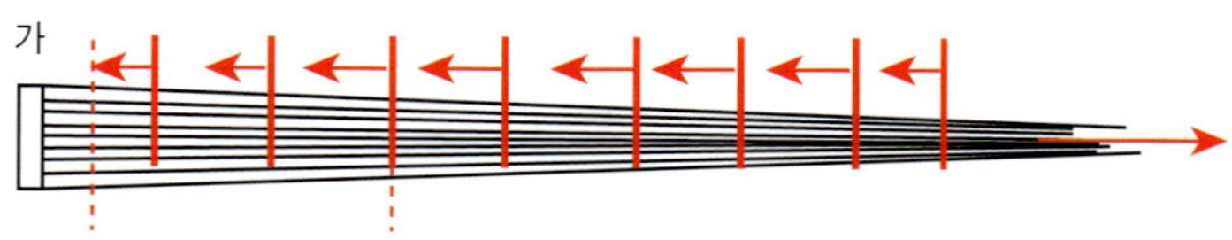

면 백콤은 빗살의 롤링을 하지 않는다.
모근에 모근 백콤을 넣은 후 섹션에 대하여 직각으로 찔러넣어 짧게 밀어넣는다.

**면 백콤의 스텝을 짧게 잡아 넣는 이유는 빗살이 섹션 깊이 들어가기 때문에
상단의 좁은 폭을 하단으로 밀고 들어가면 넓은 폭이 좁아지면서
모발이 엉키고 딱딱해지는 원인이 되기 때문이다.
또한 빗을 힘있게 움켜잡아 백콤을 넣게 되면 딱딱해지기 때문에 떨어뜨리지 않을 만큼
가볍게 잡은 다음 숏 스트록의 느낌으로 순간적으로 던지듯이 빗을 밀어 넣는다.**

면 연출의 면 백콤

01

모근 백콤 위에 3~4㎝에서
면 백콤을 넣는다.

02

섹션에 직각으로 빗살을 넣어
숏 스트록 감으로 넣는다.

03

빗살은 깊이 넣지만 빗은
섹션을 밀면서 들어가지 않는다.

04

전 단계 백콤의 자리까지 밀고
들어가면 안 된다

05

06

07

08

05~08 짧게 짧게 끊어 빗을 밀어서 일정한 간격을 유지한다.
빗의 이동거리가 길거나, 빗살이 섹션을 밀어 붙이듯이 백콤을 넣게 되면 섹션의 폭이 좁아지고 뭉치면서 딱딱해진다.

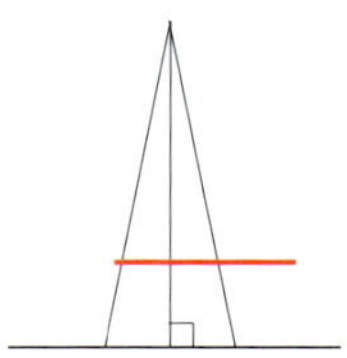
섹션과 빗살각

잘못된 예

빗살을 깊이 밀어 섹션이 휘어진 상태이다.
섹션이 뭉쳐 폭이 좁고 두께가 얇다.

7. 토대(Base)

집을 받쳐 주는 주춧돌과 같이 디자인의 베이스, 기초가 되는 부위를 말한다.
업스타일의 디자인은 토대를 만들면서 시작하고 토대 위치에서 마무리가 끝난다 할 만큼 중요한 의미가 있다.

- 토대는 두상과 모량, 모질의 조건 그리고 디자인을 고려해서 넓이, 높이, 위치를 결정한다.
- 디자인에 필요한 모량 외에는 토대에 포함시켜 처리하는데 양이 많을 경우 땋기를 하여 요철이 생기지 않도록 펴서 고정한다. 숱이 적을 경우에는 백콤이나 싱으로 보충하여 높이와 면적을 조절한다. 토대 위치에서 항상 핀이 자리하기 때문에 느슨하지 않게 토대가 만들어 져야한다. 일반적으로 토대는 G/P, T/P, B/P에 위치하며 디자인에 따라 다양한 포인트에 위치할 수 있다.

○ 토대 만들기

토대는 디자인의 중심축이며 시술을 용이하게 하고, 만들어진 스타일을 장시간 유지시키는 데 큰 역할을 한다.

○ 기본 토대의 디자인

● 원형 묶음 토대

모량이 많을 경우에 백콤을 넣지 않고 타이트하게 묶은 모근을 토대로 한다. 타이트한 모발에 의지하여 핀이 고정되기 때문에 묶음이 약하면 모발이 느슨한 만큼 핀이 느슨해져 토대의 역할을 할 수 없는데, 이는 움직이는 지반에 집이 서 있을 수 없는 것과 마찬가지다.

● 원형 백콤 토대

시뇽이 G/P, T/P에 위치하는 프런탈 타입(frontal type)에 많이 응용된다. 토대 부분의 모량이 많을 경우에는 땋고, 보통일 경우에는 백콤하여 핀이 자리할 부분과 기본 실루엣을 잡는다.

01 토대에 핀이 자리할 수 있도록 타이트하게 세가닥 땋기를 한다.

02 요철이 생기지 않도록 넓게 펴 고정한다.

원형 토대 땋는 스타일

원형 토대 백콤 스타일

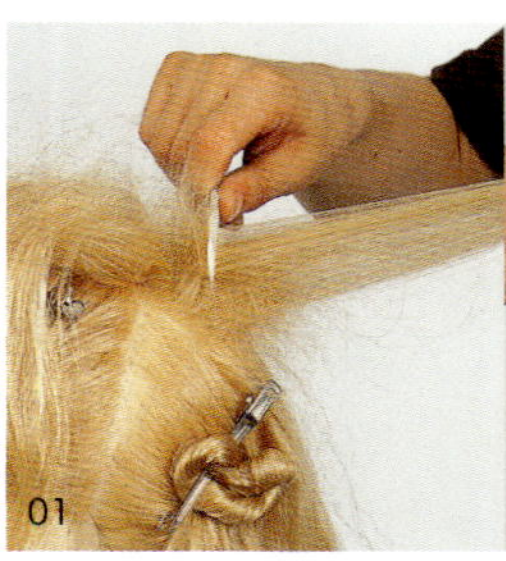
01 원형 파트에 양감 있는 백콤을 넣는다.

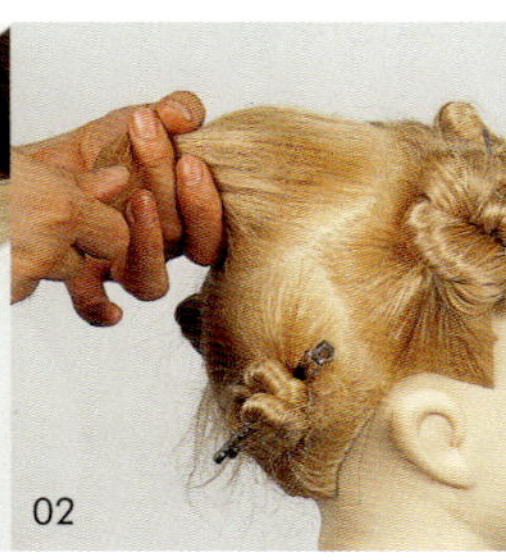
02 가지런히 정리하여 모근을 엄지와 검지로 잡고 감아 돌린다.

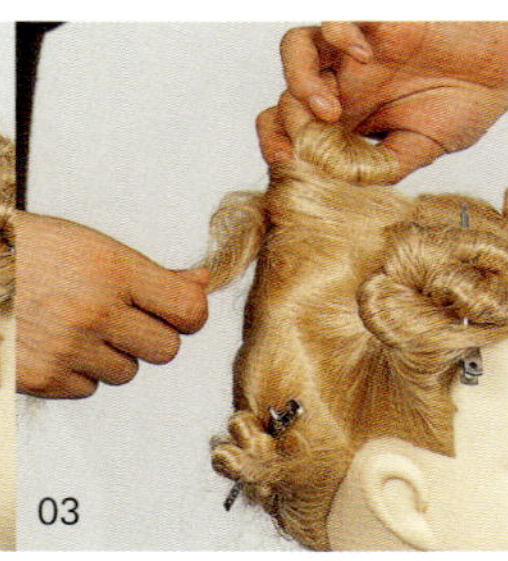
03 특히 백콤 토대는 느슨해질 염려가 있으므로 타이트하게 감아 돌린다.

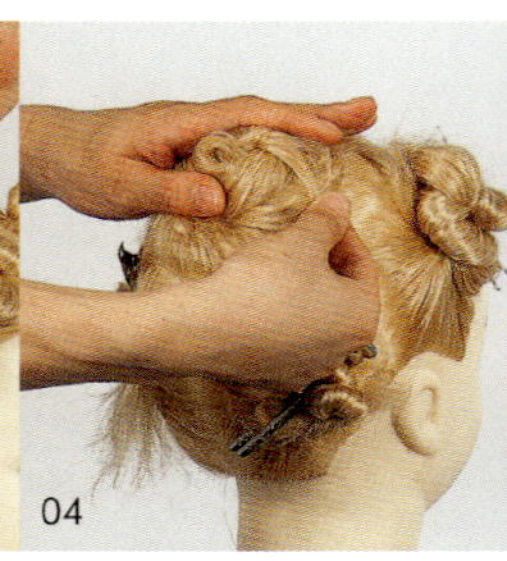
04 토대 면을 고르게 편다.

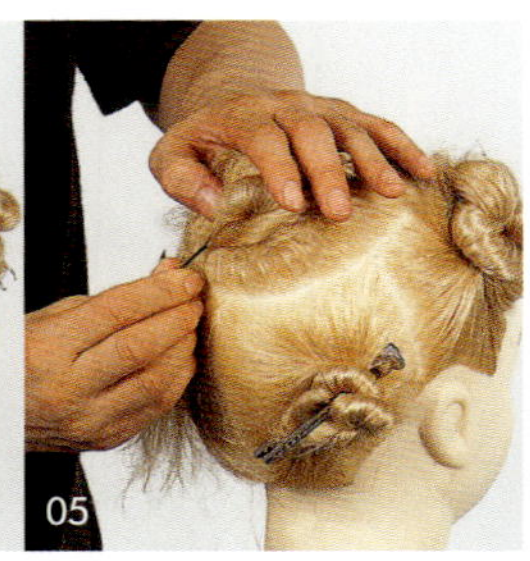
05 상하좌우에 보비핀으로 고정한다.

● **역삼각형 토대**

N/P, B/P에 위치하는 롤이거나 시뇽(chignon)이 후두부에 놓이는 디자인에 적용된다.

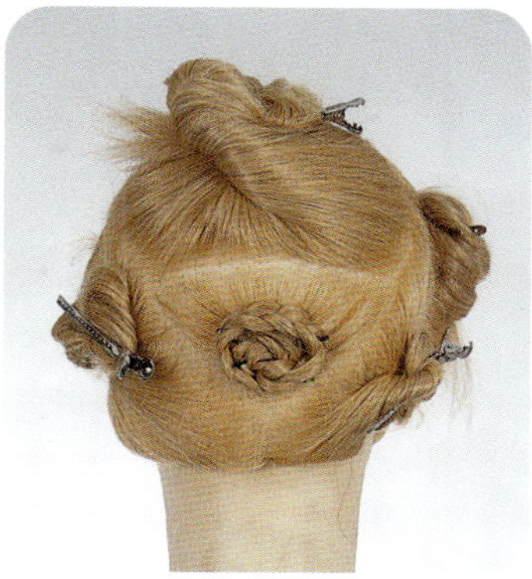

● **직삼각형 토대**

G/P, T/P에 시뇽이 위치하고 후두부의 볼륨있는 실루엣을 얻고자 하는 겹치기 디자인에 적용된다.

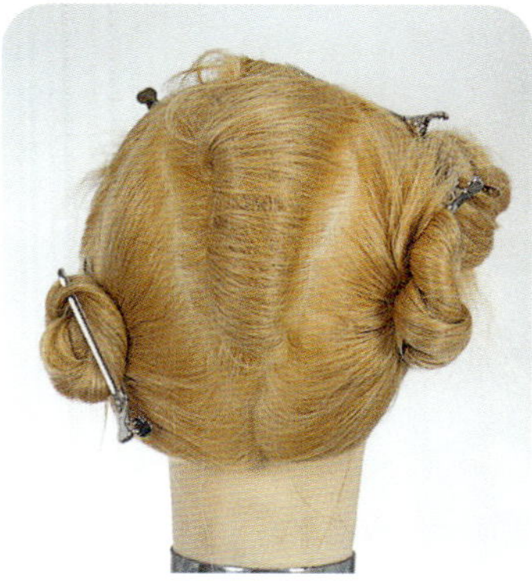

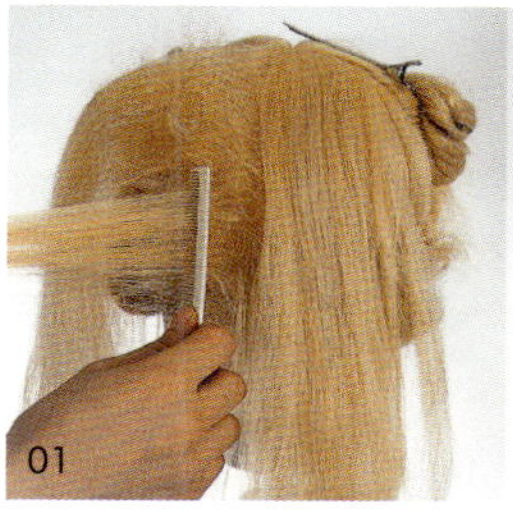

01 토대 파트에 양감 있는 백콤을 한다.

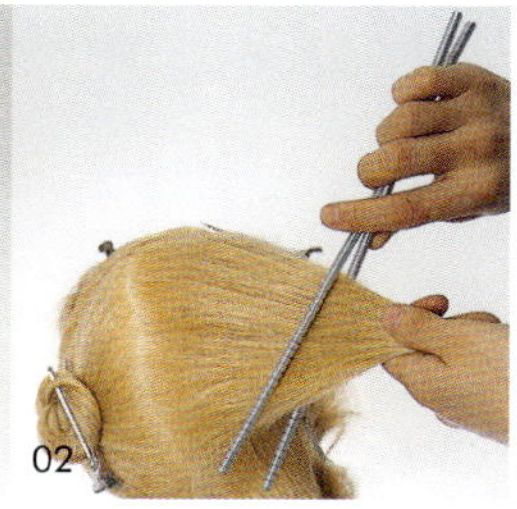

02 스틱을 이용하여 타이트하게 만든다.

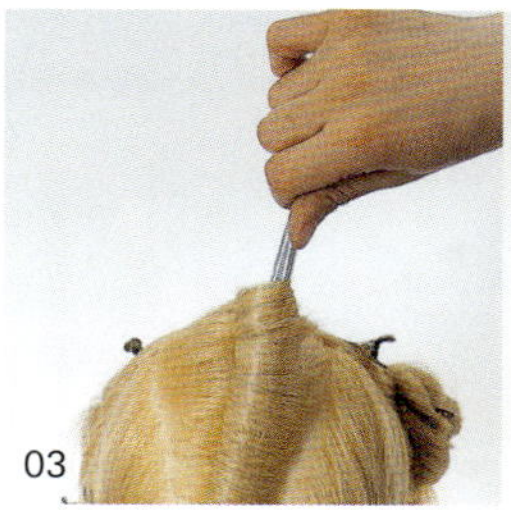

03 중심에 위치하도록 한다.

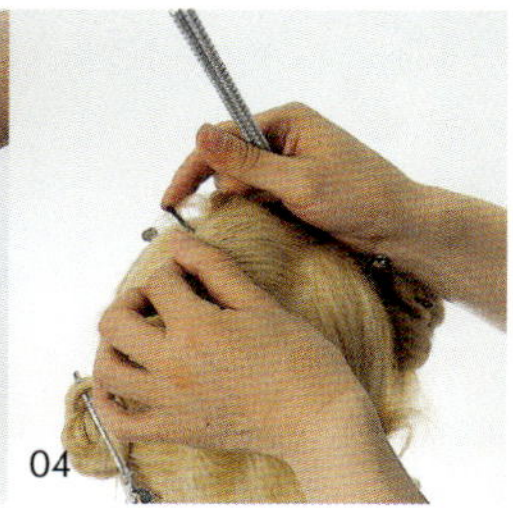

04 느슨하지 않게 핀으로 고정한다.

● **네이프 토대**

목 위에 시뇽이 놓이는 디자인에 응용된다.

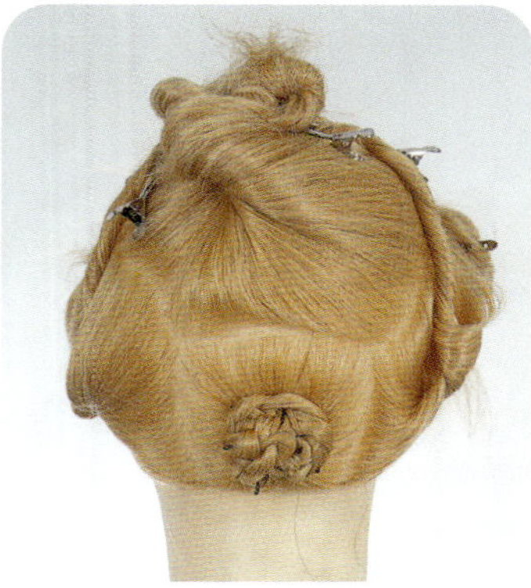

● **핀 토대**

토대를 만들 수 있는 모발이 확보가 되지 않거나, 특정 부위에 핀이 꽂힐 수 있는 자리를 만들기 위하여 두피 백콤을 한 후에 보비핀을 X로 꽂아 핀이 위치할 수 있도록 한다.

8. 싱

싱의 궁극적인 역할은 모량을 보충하여 실루엣을 형성하는데 있지만, 그 외에도 다양한 용도로 사용된다.

● 싱의 역할과 기능

- 토대 표면의 요철을 정리하면서 부족한 높이와 넓이를 만들어 준다.
- 백콤만으로 부족한 볼륨에 싱을 넣어 실루엣을 잡는다.
- 모발이 연출할 수 없는 타이트한 부분을 싱을 넣어 형태를 보강한다.
- 볼륨 밸런스를 보정한다.
- 작업에 방해가 되는 핀 다리에 싱을 얹어 다음 작업에 방해가 되지 않도록 한다.

○ 싱 만들기와 실루엣을 형성하는 싱

뭉쳐있는 싱을 얇게 펴서 넓게 만든 다음, 원하는 형태로 다시 뭉쳐 모양을 잡는다.

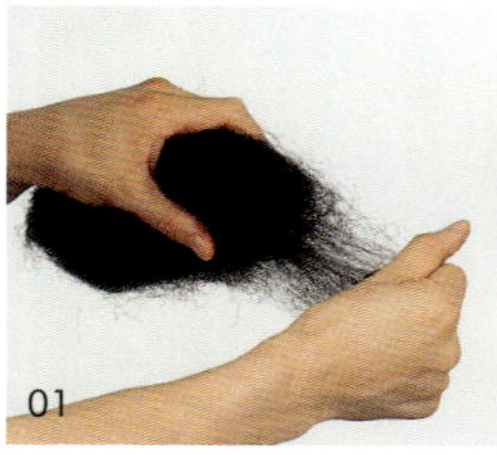

뭉쳐있는 싱을 바로 사용하지 않고 조금씩 반복해서 떼어낸다.

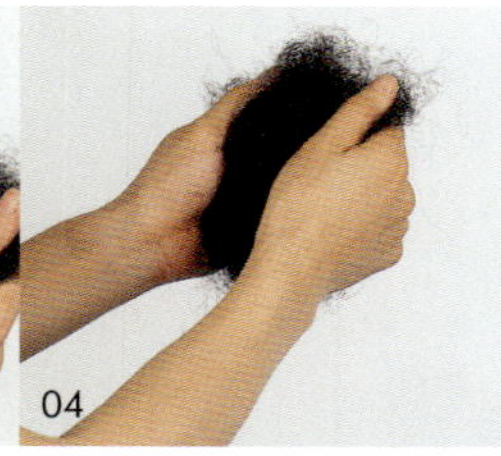

싱의 가장자리를 접어넣으면서 형태를 만들어 간다.

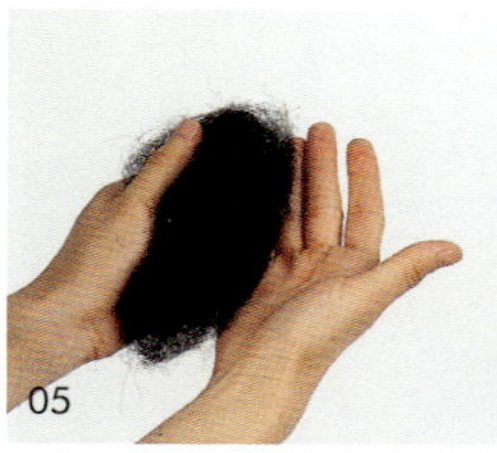

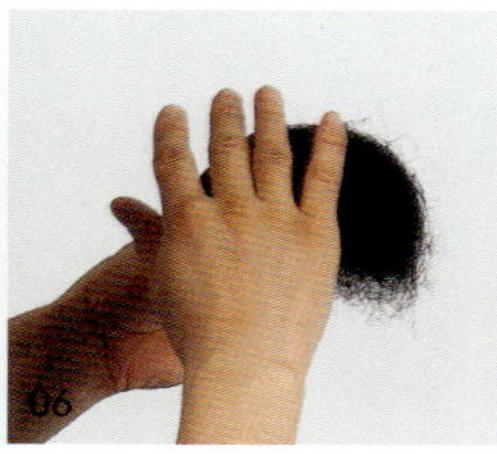

반으로 접거나 말아 들어가는 방법으로 타이트하게 만든 후 손바닥으로 쓰다듬듯이 아웃라인을 정리한다.

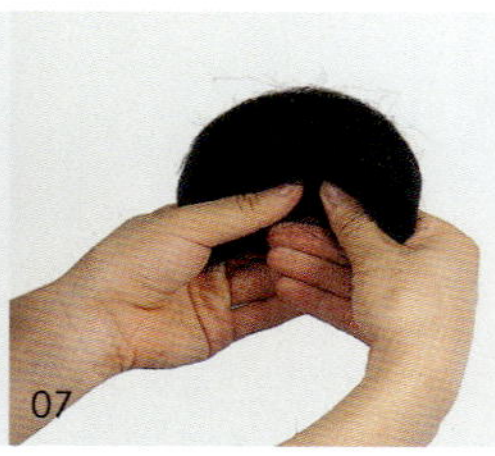

반달형의 싱을 완성.

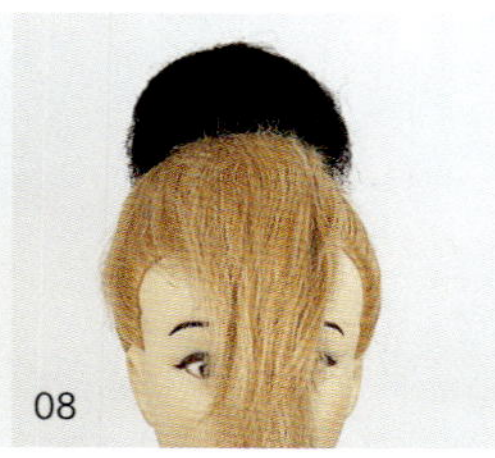

완성된 싱을 T/P에 올려 실루엣을 잡는다.

○ 토대를 커버하고 두상의 밸런스를 형성하는 싱

토대의 요철을 커버하고, 모량 보충, 실루엣 보정의 목적으로 쓰인다.

• 도넛 싱
포니테일 디자인에 응용된다.

• 타원형 싱
가장 많이 응용되는 타입으로 원형 토대 위에서 토대 보다 약간 크게 만들어 씌운다.

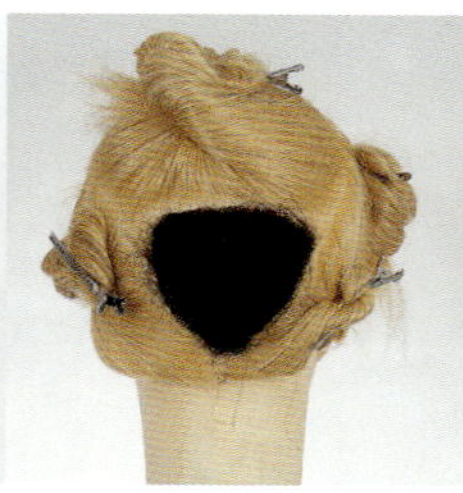

• 삼각형 싱
B/P 토대 위에 위치하여 높이보다는 넓고 얇게 하여 시뇽이 위치하게 한다.

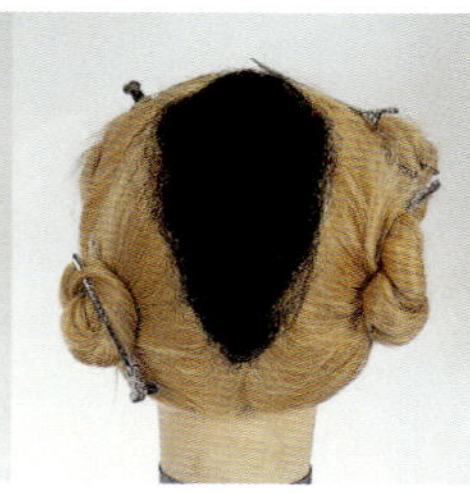

• 삼각형 싱
후두부의 면겹치기에 응용된다.

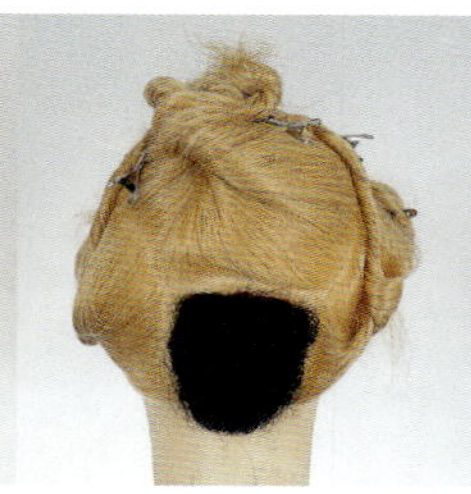

• 사각형 싱
N/P에 시뇽이 놓이는 경우에 응용된다.

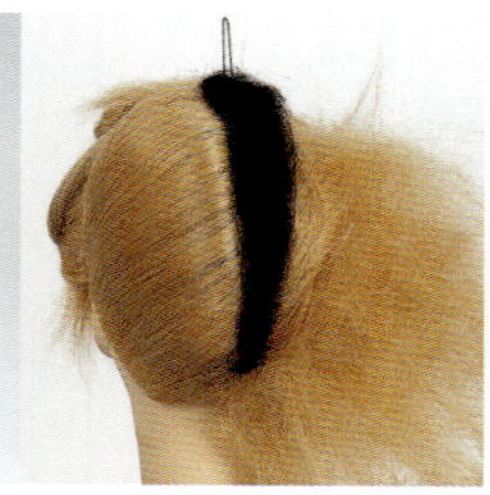

• 핀 감추기
면이 겹쳐지는 과정에 핀 다리의 방해를 받게 된다. 이를 방지하기 위하여, 아주 소량의 싱을 핀 위에 놓고 감아 말게 되면 깨끗한 일직선이 된다.

9. 망(Net)

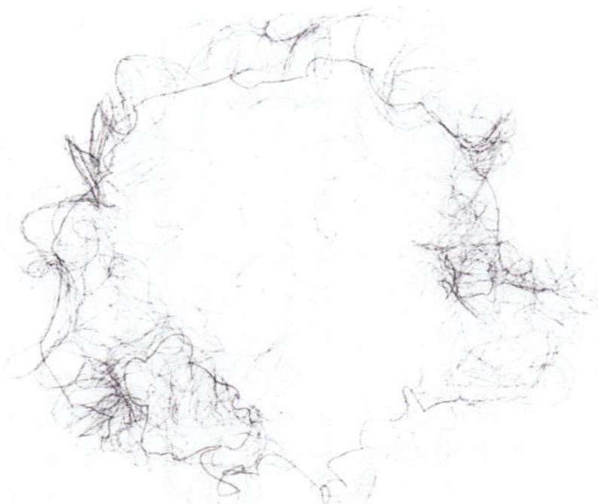

시뇽의 형태를 보정하는 역할로서 잔머리가 빠지는 것을 억제하고 시간 경과에 따라 흐트러지기 쉬운 시뇽, 많은 모량으로 핀 고정이 어렵거나 핀의 고정력이 떨어지는 경우 등에 망을 씌워 안정감을 얻는다.
긴 스트레이트 모발을 묶은 다음 망을 씌워, 넓게 고루 펴서 디자인하여 시뇽을 만드는 방법도 있다.
망은 여러 종류가 있으나 기본적으로 망이 눈에 띄지 않도록 모발과 동색을 사용하는 것이 좋고, 망을 씌우게 되면 질감이 부자연스럽기 때문에 가능한 사용하지 않도록 테크닉을 발휘하여야 한다.

망 씌우기

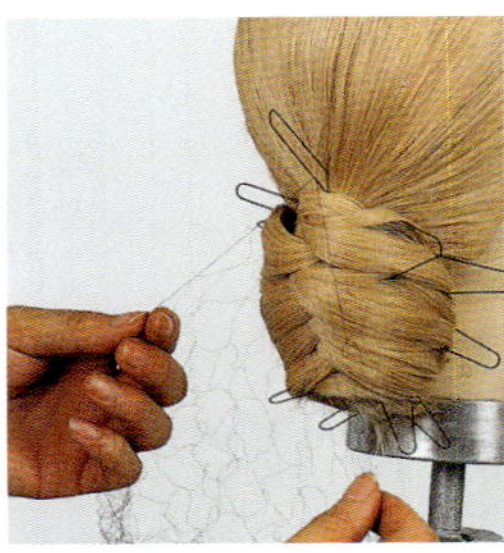

망을 걸 수 있도록 U핀 대(大)를 중심에 꽂아 망을 건다.

망을 U핀 바깥으로 건다.

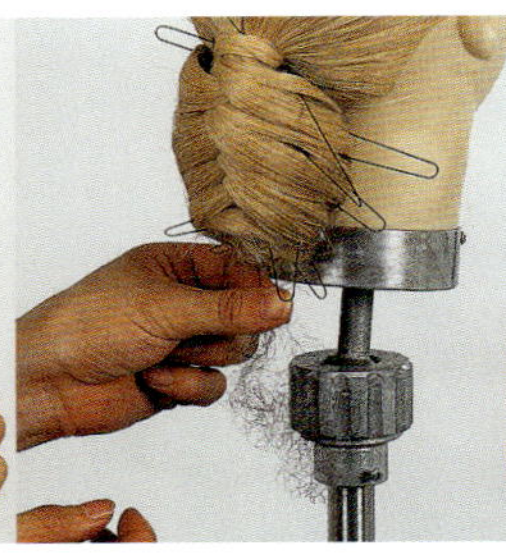

망이 늘어지지 않도록 타이트하게 당겨 하나로 잡는다.

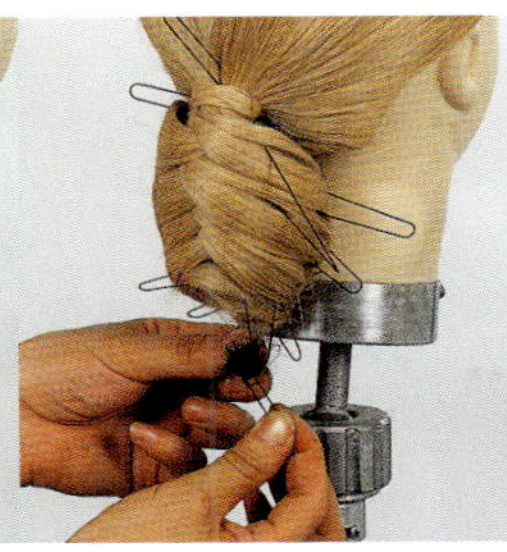

감싸고 남은 망을 손가락에 말아 뭉친 후 U핀 소(小)에 건다.

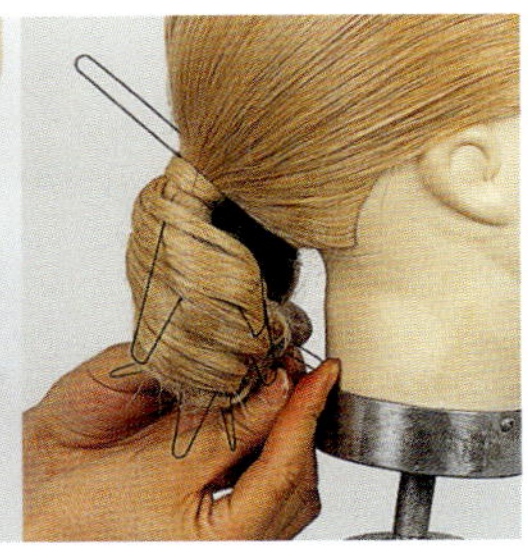

뭉친 여분의 망을 싱 뒷면에 보이지 않게 감춘다.

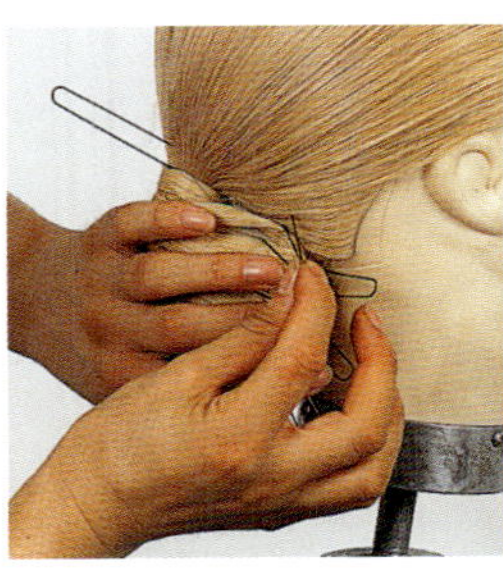

시뇽의 아웃라인을 두피에 밀착하여 고정한다.

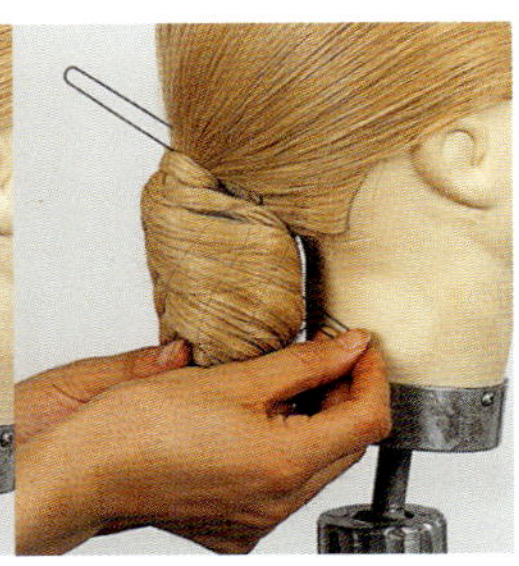

망이 느슨하지 않게 유지하면서 U핀에 망을 걸어 보이지 않게 당겨 시뇽 뒤에 고정한다.

III 땋기의 이해

● 땋기의 기본유형과 응용

		가닥 땋기	편 끌어 땋기	양편 끌어 땋기	응용 스타일
세가닥 땋기	오버 브레이드				 
	언더 브레이드				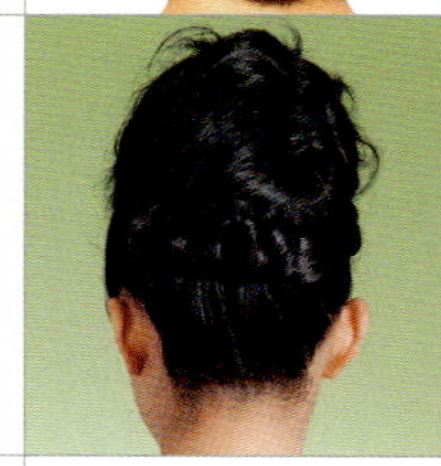 
네가닥 땋기	평면형				UPSTYLE TWELVE FINGERS
	사슬형(원형)				 
빗살땋기					 
새끼꼬기 땋기	두가닥 로프				 
로프 땋기	세가닥 로프				 

참조. 열두손가락업스타일〈기술편〉〈형의 비밀편〉

1. 땋기의 기본 이해

동일한 방법으로 연출하였음에도 보여지는 느낌이 다르다. 이는 고객이 다르고 대상을 읽는 디자이너의 감각과 지각의 차이이다. 스타일의 완성도를 위해서는 먼저 기본이 되는 방법을 익혀 대상을 바르게 컨트롤하는 능력을 길러야 한다.

1 가닥을 잡으면서 갖게 되는 힘(텐션)!

와인딩 시에 잡는 텐션의 감각으로 잡고
늘어뜨리지도 힘껏 잡아당기지도 않는 상태에서
처음 잡은 텐션은 작업이 끝날 때까지 유지한다.
손가락에 힘을 주어 불필요하게 가닥을 강하게 잡으면
다음 연결 동작이 자연스럽지 못하고 컨트롤 능력이
떨어지며 가닥을 원활하게 통제하기 어렵다.
일반적으로 신체를 이용한 작업에는 무리한 힘을
사용하는 경우는 없으며 강한 힘은 마지막 단계에서
힘을 모아 묵직하고 짧게 끝낸다.
학습의 최종적인 이해는 힘의 느낌을 갖게 되면서 받아들여지게 된다.

늘어진 상태

텐션이 유지된 상태

※ 손가락에 힘을 주어 잡으면 오히려 텐션이 쉽게 쳐지며 어깨, 팔의 힘으로 텐션을 유지한다.

2 가닥은 손가락 사이에 가닥가닥 끼워 잡는다.

땋기를 학습하기 위해서는
손가락에 가닥을 끼우는 것이 첫 번째이다.
다양한 땋기에 대응하기 위한 기본동작이며
일반인들의 땋기 손모양으로는 가닥이 늘어나거나
난해한 땋기에 대응하기 힘들다.
손가락에 가닥 끼우기에서부터 본서를 따라
하기가 쉽지 않다라는 것을 느낄 것이다.

손가락 사이에 끼워 잡는다.

가닥을 몰아 잡지 않는다.

3 가닥을 엄지나 손가락의 힘으로 눌러 잡지 않는다.

손가락 사이의 가닥은 힘줘 눌러 잡지 않아도
가닥들은 도망가거나 흐트러지지 않는다.
손가락으로 가닥을 눌러 잡으면 다음 동작과
매끄럽게 연결되지 않고 텐션을 쉽게 놓치게 된다.
특히 엄지 손가락 힘으로 눌러 잡는 것이
예쁘지 않게 땋아지는 첫 번째의 원인이 된다.
손가락을 통과한 가닥들은 손바닥을 지나
빠져나오면서 새끼 손가락이 가볍게 잡게 되고
엄지는 검지와 부드럽게 맞닿는다.

손가락에 힘이 들어간 상태

손가락은 최소의 힘으로 잡는다.

4 섹션의 각도와 손목은 들리지 않게 한다.

섹션이 들리면 늘어지거나
매듭이 슬라이스 라인 위치보다 위에 놓이게 된다.
섹션의 각은 0도, 손목은 최대한 낮춰 진행한다.

손목이 들렸다

손목을 낮추고 손등을
두피에 얹는다.

빗지 않은 상태

빗는 모습

5 땋고 난 후에 면은 빗지 않는다.

땋고 난 후에는 땋은 매듭과 면이 나타난다.
매듭은 도톰하고 면은 섹션의 모류가 잘 나타날수록
땋기의 특징을 잘 표현한 것이다.
이런 면은 사선 슬라이스를 기본으로
섹션을 당기는 방향에 의해 나타난다.
빗게 되면 결이 사라져 밋밋한 면으로 나타난다.

6 슬라이스는 기본이 "A"라인이다.

슬라이스는 A라인과 V라인이 있다. 일반적인 땋기의 기본은 A라인으로서 A라인으로 시작하여 네이프에 근접할 수록 수평으로 끝나게 된다. A라인에 의한 모류의 방향성은 활달, 명랑, 젊음 등의 외향적인 이미지를 나타낸다. V라인의 섹션은 땋기에 대한 학습이 완전히 끝난 상태에서 응용의 차원으로 연출될 수 있다.
차분, 청순, 성숙 등의 내향적인 이미지를 나타낸다.

A 슬라이스 라인

네이프에서 수평으로 끝난다.

7 의도하지 않은 처짐은 완성도를 떨어뜨린다.

땋기는 느슨하게 쳐지듯 연출하면 훨씬 개성적이고 세련된 느낌을 주지만 땋기의 기본은 일정한 텐션을 유지한 타이트함이다. 먼저 기본텐션의 타이트한 연출을 몸에 충실히 익힌 다음에 고객의 취향과 디자인에 따라 느슨한 스타일로 연출한다. 의도하지 않은 처짐은 잘못된 것이다.

a와 같이 늘어진 땋기를 잘하려면
b와 같은 기본 스타일을 잘 할 수 있어야 한다.

8 손가락 사이에 끼운 가닥은 다시 손가락 사이로 빠져 나오지 않는다.

잘못된 습관의 문제로 한 가닥을 손가락 사이에 두 번 끼우게 되면 다음 동작이 원할하게 이루어지지 않는 문제가 생긴다.

9 손가락을 사용하여 섹션을 잡을 때.

일반적으로 사이드는 빗 꼬리를 사용하여 섹션을 떠내고 후두부로 가면서 손가락을 사용하여 섹션을 잡는다. 이 때에 손가락은 중지를 넣어 검지와 함께 섹션을 잡고 후두부 방향으로 텐션을 유지하며 손가락에 끼운다. 엄지를 사용하는 경우에는 섹션을 위로 걷어 올리게 되어 면의 결이 살아나지 못한다는 단점이 있다.

중지를 넣어 검지와 함께 섹션을 잡는다.

검지를 넣고 나서 엄지와 잡는다.

10 섹션을 끌어오는 위치보다 매듭의 위치는 같거나 더 낮다.

땋기가 끝날 때에는 네이프가 들리지 않아야 하고 섹션과 매듭이 같이 끝나거나 매듭이 한 스텝 더 나아간다. 매듭의 위치보다 섹션을 끌어오는 위치가 낮으면 매듭이 들리고 네이프라인 위에서 매달리듯이 끝나게 되어 예쁘지 않다.

a–매듭의 위치
b–섹션의 위치

※ a보다 b는 같거나 더 낮아야 한다.

11 늘어진 경우에는 손을 바꾸는 과정에서 당겨 조인다.

땋다보면 의도하지 않게 늘어지는 경우가 있다. 이럴 경우 늘어지는 원인으로는 텐션을 놓치거나 손목이 들려 섹션의 각이 커지는데 원인이 있다. 손등이 두피에 닿듯이 낮춰 잡고 손 바꾸는 과정에서 엄지와 검지로 잡은 가닥을 당기면서 조여(a) 늘어진 텐션을 조절하며 진행한다. 한 부분에서만 조이게 되면 오히려 텐션이 흐트러질 수 있기 때문에 손 바꾸는 과정에서 항상 부드럽게 조이는 습관을 갖는다.

2. 땋기의 종류와 용어

1) 세 가닥 땋기

가닥이 세 가닥으로 이루어진 땋기로 오버 브레이드(속 땋기), 언더 브레이드(겉 땋기)의 두 종류가 있다.

오버 브레이드(속 땋기) 언더 브레이드(겉 땋기)

◎ 오버 브레이드(over braid)

섹션을 세 가닥으로 나눈 다음에 가운데 가닥을 지면으로 빼내어 잡고 그 가닥을 중심으로 가닥 위에 놓이면서 땋아지는 방식이다. 양편 끌어 땋기를 할 경우에 매듭이 묻히게 되어 속 땋기라고도 한다.

◎ 언더 브레이드(under braid)

오버 브레이드의 반대 개념으로 세 가닥을 나눠 가운데 가닥이 지면의 반대 방향으로 잡고 그 가닥을 중심으로 밑에 두면서 땋아지는 방식이다. 양편 끌어 땋기를 할 경우 매듭이 겉으로 드러나는 특징이 있어 겉 땋기라고도 한다.

2) 편 끌어 땋기

땋기는 처음 나눴던 가닥만으로 끝까지 땋는 가닥 땋기와 측면에서 끌어와 합류시키면서 땋는 방식의 편, 양편 끌어 땋기가 있다. 편 끌어 땋기는 한쪽 방향에서만 섹션을 잡아 손가락에 끼워진 가닥과 합치는 경우를 말한다. 끌어와 합치는 손가락의 위치는 땋기의 종류에 따라 다르다.

오버 브레이드 편 끌어 땋기-가운데 합류시킨다. 언더 브레이드 편 끌어 땋기-하단에 합류시킨다.

3) 양편 끌어 땋기

모든 땋기는 편, 양편 끌어 땋기가 가능하다. 편 끌어 땋기는 한쪽 방향에서만 끌어와 땋고 양편 끌어 땋기는 양쪽 측면에서 섹션을 끌어와 땋는다. 땋기 스타일의 경우에는 가닥 땋기나 양편 끌어 땋기를 많이 하는 반면 올림머리에서는 편 끌어 땋기가 많은 편이다.

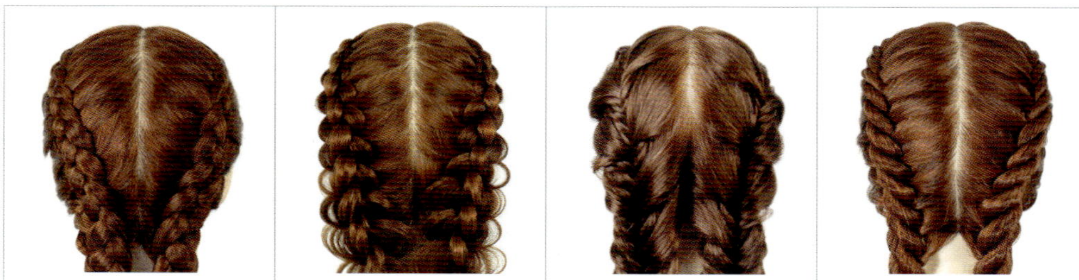

네 가닥 평면 양편 | 네 가닥 원형(사슬) 양편 | 빗살 땋기 양편 | 세 가닥 로프 양편

○ 네 가닥 평면 땋기

땋기에 가닥의 증가는 큰 의미가 없다.
일반적으로 많은 가닥으로 땋는 스타일의 경우는 거의 없기 때문이다.
가닥이 늘어나도 세 가닥을 기본으로 땋고 단지 가닥을 컨트롤 할 수 있는가에 어려움이 있을 뿐이다.
네 가닥 땋기는 두 유형이 있으며 평면형과 원형(사슬형)이 있다. 어떠한 유형이던 세 가닥을 기본으로 시작한다.
네 가닥 땋기는 세 가닥에서 한 가닥이 추가되면서 교차되고 다시 턴을 하면서 땋게 된다.

○ 네 가닥 원형(사슬형)땋기

일반적인 땋기는 가닥이 늘어날수록 가로 폭이 넓어지면서 평면적으로 나타난다.
네 가닥 원형은 입체적인 사슬 모양으로 나타난다.
세 가닥을 기본으로 3번째의 손 바꾸기 동작에서 한 가닥이 추가되면서 진행된다.
원형은 가닥빼기를 추가하여 형태를 부풀리고 부드러운 질감으로 연출하는 것이 일반적이다.

○ 빗살 땋기(fish born braid)

가닥을 잡아 두 가닥으로 나눈 다음 각 가닥의 바깥 가장자리 측면에서 소량의 가닥을 잡아 서로 교차시키면서 땋는 방식이다.
처음 나눴던 두 가닥은 끝날 때까지 서로 교차되지 않는다.

○ 로프 땋기

각각의 가닥이 꼬여진 상태에서 가닥의 위치가 바뀌고 회전되면서 땋아진 형태를 로프라 한다.
로프의 유형으로 세 가닥으로 이루진 로프(동아줄), 두 가닥으로 이루어진 새끼 꼬기가 있다.

새끼 꼬기

새끼 꼬기는 외형상 로프와 크게 다르지 않으나 밀도와 회전율에서 비교하면 차이가 난다. 전통 새끼 꼬기와 원리는 동일하다. 두 가닥을 각각 꼬면서 회전시켜 손가락의 위치를 바꿔가며 땋는 방식이다.

콘로우(corn low)

언더 브레이드를 좁은 섹션으로 나눠 밀착하여 연출한 땋기 스타일이다. 짧은 모발에는 일반적인 언더 브레이드 동작으로는 밀착하여 땋기가 어렵기 때문에 원리는 다르지 않으나 손가락의 사용 방법이 다르다.

기본동작

각각의 땋기 종류마다 가닥을 나눠 손가락에 끼우는 가닥들의 순서와 배열이 다르다. 가닥을 나눈 후에 손가락에 끼운 첫 번째 가닥 배열 상태를 기본동작이라 한다.

오버 브레이드

언더 브레이드

네 가닥 평면 땋기

세 가닥 로프 땋기

손 바꾸기

땋기는 좌우의 손을 바꿔가며 가닥의 배열을 한다. 기본동작에서 손 바꾸기를 통하여 한 스텝 나아가는 것이며 이런 동작이 반복되면서 사이클을 이룬다. 가닥을 바꿀 때에는 엄지와 검지가 잡는 가닥이 땋기 종류마다 다르고 중지를 넣어 가닥 사이에 끼울 때에는 중지를 넣는 위치에 주의해야 한다.

오버 브레이드

언더 브레이드

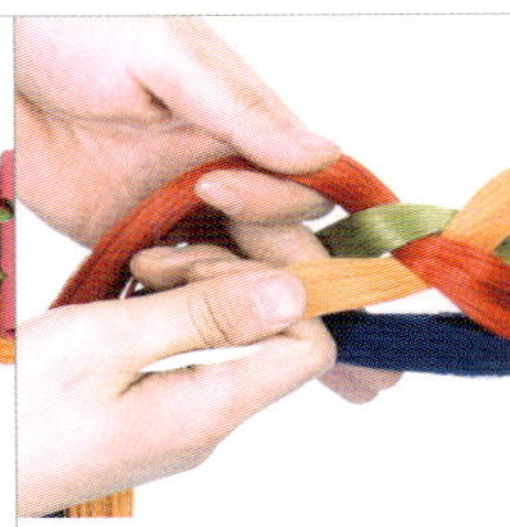

네 가닥 평면 땋기

세 가닥 로프 땋기

4) 오버브레이드 편 끌어 땋기

땋기는 가닥땋기를 기본으로 한쪽에서 끌어와 땋는 방식의 편 끌어 땋기와 양쪽에서 끌어와 땋는 방식의 양편 끌어 땋기가 있다.

Tip 오버브레이드 기본동작으로 잡고 난 후에 하단 가닥을 잡아 빼어 두 가닥 사이로 중지를 넣어 손을 바꾼다.

왼손으로 세 가닥을 나눈 다음 오른손 엄지와 검지가 왼손에 잡고 있는 가운데 가닥을 위에서 잡고
우측 가장자리 가닥을 중지와 검지, 좌측 가장자리 가닥을 중지와 약지에 끼운 다음
오른손 엄지와 검지가 가운데 가닥을 꺼내 잡고 중지를 손등 쪽에서 나머지 손가락을 편 상태로 넣어 손을 바꾼다.

스타트 과정 ▼　　　반복과정1 ▼　　　반복과정2 ▼

04 세 가닥 오버 기본 동작에서 한번 진행된 상태로 손을 바꿀 차례이다. 이때 우측에서 사선 슬라이스한다.

끌어온 가닥은 면이 넓게 드러나도록 텐션을 유지하면서 빗어 가운데 가닥에 합류시킨다.

06 머리끝을 빗고자 할 때에는 손가락 사이에 힘을 주고 빗는 힘이 모근에 전달되지 않게 눌러 잡는다.

손 바꾸기 동작으로 하단의 가닥을 오른손 엄지와 검지로 잡아 상단 가닥 위로 들어 올린다.

※땋기의 종류마다 합치는 손가락의 위치가 다르다. 오버브레이드는 가닥을 끌어와 가운데 가닥과 합친다.

스타트 과정

08 오른손 손가락을 쭉 편 상태에서 왼손이 잡고 있는 두 가닥 사이에 오른손 중지를 넣는다. 왼손의 두 가닥이 오른손 손가락 사이에 끼이게 된다. 이때 약지와 새끼손가락을 편다.

가닥이 다시 왼손으로 넘어가는 손동작으로 하단 가닥을 왼손 엄지와 검지가 잡아 들어 올린다. 왼편에서는 끌어오지 않기 때문에 손만 바꾼다.

10 오른손이 잡고 있는 두 가닥 사이에 왼손의 중지를 넣으면서 좌측에서 슬라이스하여 가운데 가닥에 합류시키면서 반복된다.

반복과정 1

09

반복과정 2

5) 오버브레이드 양편 끌어 땋기

오버브레이드에서 끌어 땋을 경우
모발을 오른손에 잡고 있을 때에는 좌측 면에서 슬라이스하여
오른손 가운데 가닥에, 왼손이 잡고 있을 때에는
오른쪽에서 끌어와 왼손 가운데 가닥에 합친 다음
하단 가닥을 잡고 중지를 넣어 손을 바꾸면서 반복된다.

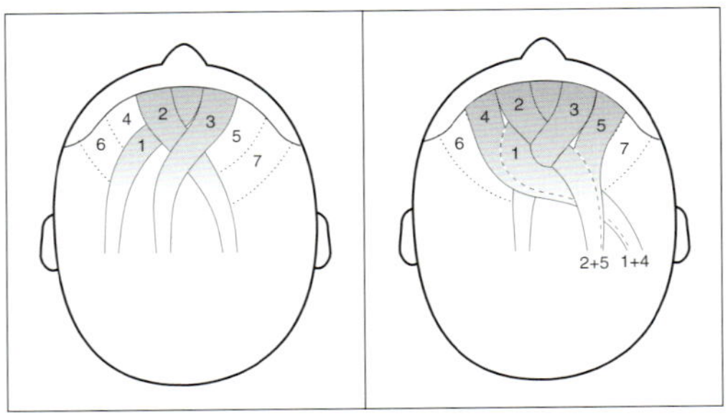

왼손에 세 가닥을 끼운 오버브레이드 기본 손동작에서 하단 가닥을 잡고 중지를 넣어 손을 바꾼다.

빗 꼬리를 이용하여 좌측에서 슬라이스하여 가지런히 섹션을 정리한 다음 오른손이 잡고 있는 중지와 검지 사이의 가운데 가닥과 합류시킨다.

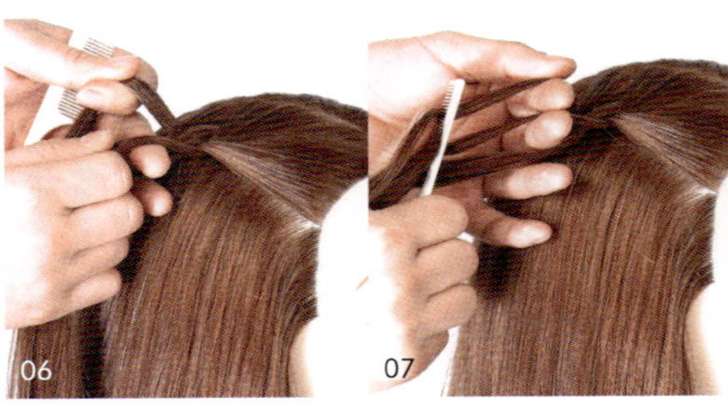

세 가닥에서 하단 가닥을 엄지와 검지로 잡아 오른손에 잡고 있는 두 가닥 사이에 중지를 넣어 왼손 손가락에 가닥들이 끼이게 하여 손을 바꿔 잡은 다음 머리끝을 브러싱 하면서 손가락을 모근방향으로 밀어 매듭이 늘어지지 않게 유지한다.

빗 꼬리를 사선으로 넣어 섹션을 나눈 다음 가운데 가닥에 합류시킨다. 사선 슬라이스는 섹션들의 결(면)의 겹침을 잘 나타낸다.

세 가닥을 모두 빗으면서 매듭이 모근과 늘어지지 않게 두피에 손등을 닿게 하여 끝머리를 빗는다.

반복되는 과정으로 하단 가닥을 잡고 손가락을 바르게 펴서 중지를 넣은 다음 좌측에서 면을 끌어와 합류시키고 다시 하단 가닥을 잡아 중지를 넣어 손을 바꿔 잡는다.
※중지를 넣을 때에는 반드시 약지, 새끼손가락을 같이 펴서 손가락 사이에 가닥이 끼이게 한다.

손가락 사이로 가닥을 압박한 후에 끝머리를 빗는다.

면을 끌어오기에서부터 손을 바꾸기까지의 과정을 나타내고 있다. 빗 꼬리를 대신하여 중지와 검지를 사용하여 끌어오는 방법도 있다.

오버브레이드의 손바꾸기는 하단 가닥을 잡고 중지를 넣으면서 손이 바뀌고 이와 같은 동작이 좌우로 반복되면서 진행된다.

손을 바꾸면서 모근을 향해 조이듯이하여 늘어진 모발의 텐션을 잡고 중지를 넣어 손을 바꾼다.

6) 언더브레이드 편 끌어 땋기

왼손으로 세 가닥을 나눈 다음 오른손 엄지와 검지가 왼손에 잡고 있는 가운데 가닥을 위에서 잡아 빼고
우측 가장자리 가닥을 중지와 검지, 좌측 가장자리 가닥은 중지와 약지에 끼워 기본동작을 취한다.
손을 바꿔 잡을 때에는 오른손 엄지와 검지가 가운데 가닥을 꺼내 잡고 중지를 손등 쪽에서
나머지 손가락을 편 상태로 넣어 손을 바꾼다.

스타트 과정 ▼ 반복과정 1 ▼ 반복과정 2 ▼

05 사선으로 슬라이스하여 하단 가닥과 합류시켜 잡는다.

06 면이 넓게 드러나도록 빗고 텐션을 유지하면서 끌어올린 가닥을 하단 가닥과 합류시킨다.

07 땋는 과정에 머리가 엉키게 되면 면이 쉽게 흐트러지고 다음 연계동작이 매끄럽게 이루어지지 않기 때문에 손가락이 잡고 있는 머리끝에까지 매끄럽게 빗는다.

08 손을 바꾸는 동작으로 오른손 엄지와 검지가 왼손에 잡고 있는 가운데 가닥을 잡아 뺀다.

스타트 과정

09 가운데 가닥을 잡은 상태에서
오른손 손가락을 쭉 펴고
왼손 두 가닥 사이로 손등
쪽에서 중지를 넣는다. 더불어
약지와 새끼 손가락을 오므리지
않는 것이 중요하다.

가닥을 잡아 빼고 나서 엄지와 검
지로 잡은 가닥은
절대 다른 손가락으로
넘기지 않는다.

11 왼손 엄지와 검지로
가닥을 잡은 상태에서
오른손 두 가닥 사이로
손등 쪽에서 중지를 밀어넣어
손을 바꾸게 된다.

반복과정1

10

반복과정2

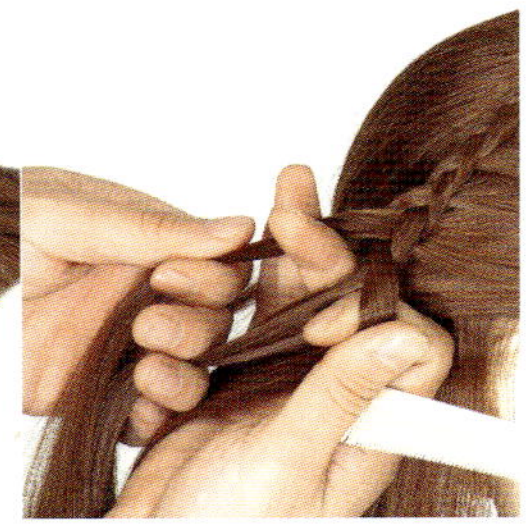

7) 언더브레이드 양편 끌어 땋기

언더브레이드에서 끌어 땋는 경우, 가닥을 잡고 있는 반대편 면에서 슬라이스하여 끌어와 중지와 약지 사이에 잡고 있는 가닥과 합류시키고 손을 바꿀 때에는 가운데 가닥을 엄지와 검지가 잡고 손등 쪽에서 중지를 넣어 가닥을 끼우면서 손 바꾸기가 반복된다.

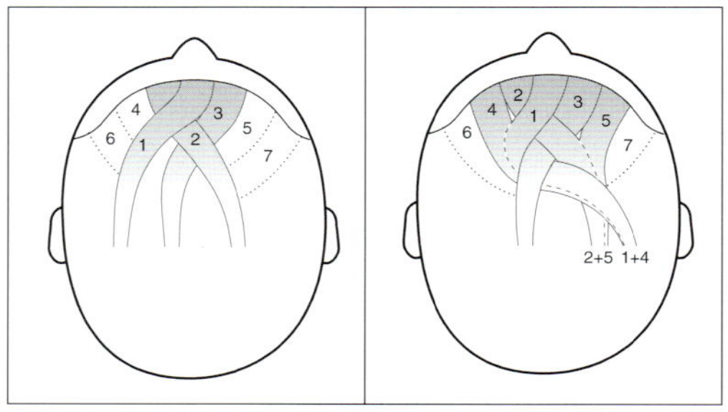

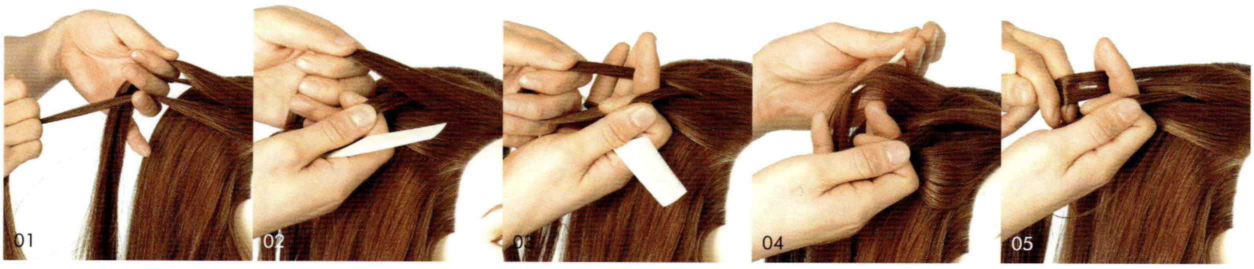

왼손 손가락에 세 가닥을 끼운 상태의 언더브레이드 기본동작에서 가운데 가닥을 잡고 중지를 손등 쪽에서 두 가닥 사이로 중지를 넣어 손을 바꾼다.

빗 꼬리를 이용하여 좌측면에서 슬라이스하여 가지런히 섹션을 정리한 다음 오른손이 잡고 있는 중지와 약지 사이의 하단 가닥과 합류시킨다.

06-07. 가운데 가닥을 빼내어 잡고 두 가닥 사이로 중지를 넣는다.

끝머리를 빗어 엉키지 않게 한다.

슬라이스 라인이 보이지 않도록 빗 꼬리를 사선으로 넣어 섹션을 나눈 다음 하단 가닥과 합류시킨다.

합류시킨 가닥을 다시 빗어 정리한 다음에 모발 전체를 잡아 끝머리를 정리한다.

반복되는 과정으로 가운데 가닥을 잡고 손가락을 바르게 펴서 중지를 손등 쪽에서 넣은 다음 좌측에서 면을 끌어와 합류시키고 다시 가운데 가닥을 잡아 중지를 넣어 손을 바꿔 잡는다.

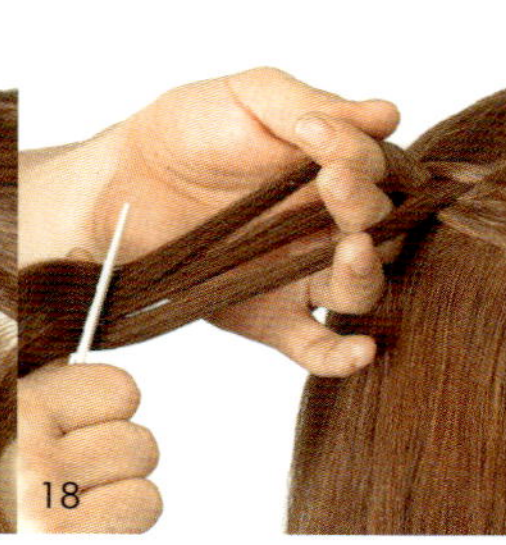

가운데 가닥을 잡아 뺀 다음 중지를 넣어 손가락 사이에 가닥을 끼워 잡고 끝머리를 정리한다.

오버브레이드와 언더브레이드의 기본 손동작과 합류시키는 위치 등을 비교하여 익힌다.

끝까지 반복하며 땋는다.

※기본 동작을 익히면 다른 유형의 땋기를 보다 쉽게 익힐 수 있다.

8) 네 가닥 원형(사슬형) 편 끌어 땋기

네 가닥 원형 땋기에서 끌어 땋기를 할 경우에는 세 가닥으로 시작하여
세 가닥 오버 기본 땋기 동작을 취한 다음에 한 가닥을 더해서 네 가닥이 이루어진다.
왼손에 오버 기본자세에서 우측으로 손을 바꾼 다음 다시 왼손으로 손을 바꾸면서 끌어오기가 시작된다.

01

02

03

04

스타트 과정 ▼

반복 과정 ▼

05 제쳐놓은 우측가닥과 좌측에서 넘어온 가닥 사이로 빗 꼬리를 넣어 사선슬라이스로 섹션을 끌어온 후 좌측 중지로 넘기면서 우측으로 향한 가닥과 자연스럽게 겹치게 된다.

06 전 단계에서 겹쳐진 부위를 엄지와 검지로 누르고 좌측의 가장자리 가닥을 제쳐 놓는다.

07 좌측에서 제쳐놓은 가닥과 그 위의 가닥 사이로 손가락을 넣어 우측 06에서 제쳐놓은 가닥을 끌어낸다.

08 좌측에서 제쳐놓은 가닥을 대신하여 우측에서 가져온 가닥을 올려 겹친다.

스타트 과정 ▼

반복과정 ▼

09 손을 바꿀 때에는 먼저 가닥을 새끼손가락을 중심으로 약지, 중지를 받쳐 잡고 교차되는 부분을 엄지와 검지로 잡는다. 가닥을 새끼손가락으로 잡지 않으면 텐션유지가 어렵고 가닥이 쉽게 흐트러지는 원인이 된다.

10 좌측 엄지와 검지는 교차된 두 가닥의 중심을 잡고 우측가닥을 제쳐놓는다.

11 가닥을 내려놓은 상태에서 바로 빗 꼬리를 넣어 섹션을 끌어와야 어느 사이에서 가닥을 끌어와야 하는지의 혼동을 피할 수 있다.

9) 네 가닥 원형(사슬형) 양편 끌어 땋기

세 가닥 오버브레이드의 기법을 베이스로 진행한다.
네 가닥 원형은 유용하게 활용될 수 있기 때문에 기본을 충실히 익히고
디자인에 적극 활용해 볼 것을 제안한다.
특히 가닥빼기를 더해 질감을 잡아 내추럴하게 연출하여
젊고 발랄한 이미지로 나타낸다.

세 가닥을 나눈 다음 오버브레이드 기본동작을 취한다.
〈오버브레이드 기본동작〉

하단 가닥을 잡고 중지를 넣는다.
〈오버브레이드 손 바꾸기 동작〉

다시 왼손으로 하단 가닥을 잡는다.

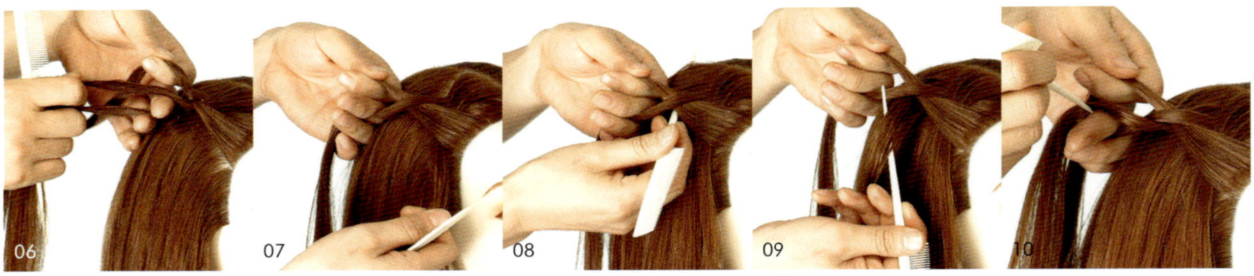

두 가닥 사이에 오버브레이드 동작으로 중지를 넣는다.

가운데 가닥을 손가락 사이에서 빼내어 우측으로 제쳐놓고
반대편 면에 빗 꼬리를 넣어 슬라이스한다.

제쳐 좋은 가닥을 대신해서 반대편 면을 끌어와 검지와 중지
손가락에 끼워 잡는다. 〈첫 번째 면을 끌어오는 과정〉

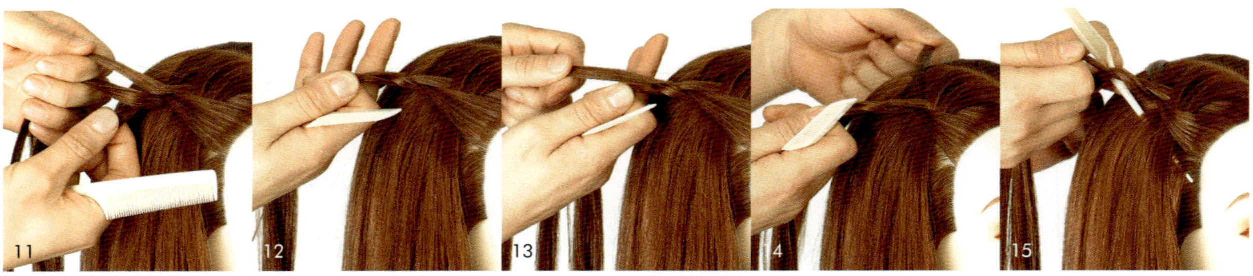

손 바꾸기로 들어가 하단 가닥을 잡고 중지를 넣는다.

아래 가닥을 잡고 중지를 넣어 손 바꾸는 과정에서 가운데 가닥은
토해내듯이 다시 꺼내 좌측으로 제쳐놓게 된다.

좌측에서 제쳐놓은 가닥을
잡고 있는 가닥의 사이로 빗 꼬리를
넣어 우측에서 슬라이스 한다.
〈슬라이스하는 과정〉

16

제쳐놓은 가닥과 함께
왼손으로 잡는다.

17

18

우측 면과 전 단계에서 제쳐둔 가닥과 함께 끌어와
검지와 중지 사이에 끼워 잡는다. 〈우측 면을 끌어오는 과정〉

19

20

우측 면을 끌어오고 나서 하단 가닥을 잡고 중지를 넣어 손을 바꾼다.

21

22

4와 같은 과정으로 손 바꾸는 과정에
잡고 있는 가운데 가닥을 바로 토하듯이 제쳐놓는다.

23

24

면을 끌고 올 때에는 전 단계에서 제쳐놓은 가닥과
함께 끌어와 검지와 중지로 잡는다.

25

매듭의 텐션을 유지하기
위해 하단가닥을 잡을 때에 조인다.

26

엄지와 검지를 제외한 손가락은
쭉 펴서 손가락 사이에 가닥이 끼
이게 한다.

27

가닥 사이로 중지가 들어오면 잡고 있던 가운데
가닥을 놓지 않고 바로 제쳐놓는다.

28

29

30

제친 가닥 위로 손등을 하고 건너편의 가닥을 잡게 된다.

31

32

가닥을 끌어와 세 가닥 상태가 되면 하단 가닥을 잡아
중지를 넣어 손을 바꾸게 된다.

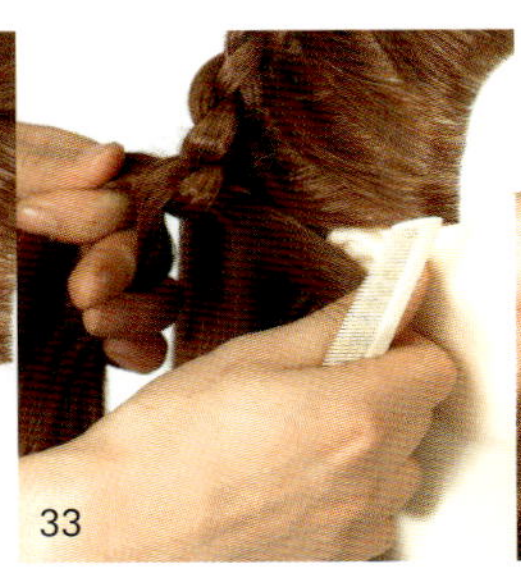
33

34

슬라이스의 방법은 빗 꼬리를 사용하거나 검지와 중지를
이용하여 면을 끌어온다.

35

면을 끌어온 가닥은 텐션을 유지하며
잡는다.

텐션을 유지하여 검지와 중지 사이에 끼운다.

하단 가닥을 잡고 중지를 넣을 때에 가닥을 조이면서 중지를 넣어 매듭이 늘어지지 않게 한다.

매듭은 기본적으로 늘어지지 않아야 하기 때문에 손목을 들어서는 안된다.

네 가닥 원형땋기는 오버브레이드의 손바꾸기 동작을 머리에 두면서 진행한다.

네 가닥 원형 땋기는 자체 매듭보다는 가닥빼기의 유형이 잘 어울린다.
가닥을 뺄 때에 층이 없는 경우에는 3~4매듭 진행하고 나서 가닥을 빼고 하단에 내려 갈수록 풍성한 가닥을 빼는 것이 좋다.

10) 두 가닥 로프 가닥 땋기

Point

- 응용 : 측면의 변화, 가닥빼기의 베이스, 포인트의 연출에 활용된다.
- 일반적인 경우 왼손을 중심 손으로 해서 땋지만 끌어 꼬기를 할 때에는 왼쪽의 경우, 오른손이 중심이 되고 왼손이 하던 역할을 오른손이 하게 된다

준 비 동 작 ▼ 　 반 복 동 작 ▼

01 두 가닥을 나누어 왼손과 오른손의 엄지와 검지로 가닥을 잡는다.

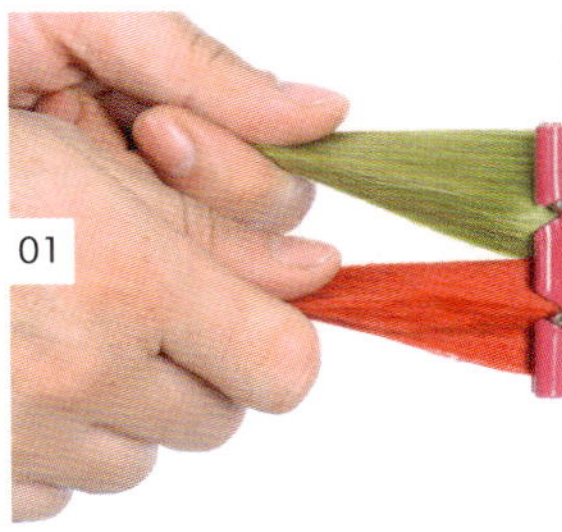

02 왼손의 검지를 초록색 가닥 위에 올린다.

03 오른손에 잡고 있는 적색 가닥을 손목을 틀면서 왼손의 검지 위에 올린다.

04 왼손의 엄지와 검지는 적색가닥을 안정감 있게 잡으면서 오른손으로 가닥을 시계방향을 돌려 꼰다.

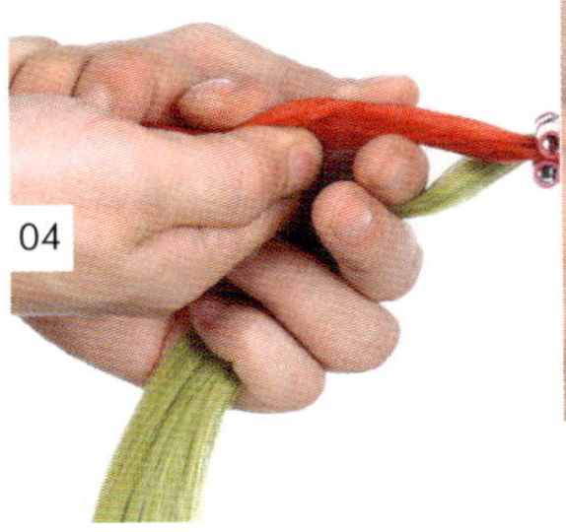

준 비 동 작 ▽ 반 복 동 작 ▽

05

〈1과 동일한 조건의 상태〉
왼손, 검지와 중지 사이에 있는
아래 가닥을 오른손 엄지와
검지로 잡아 가져온다.

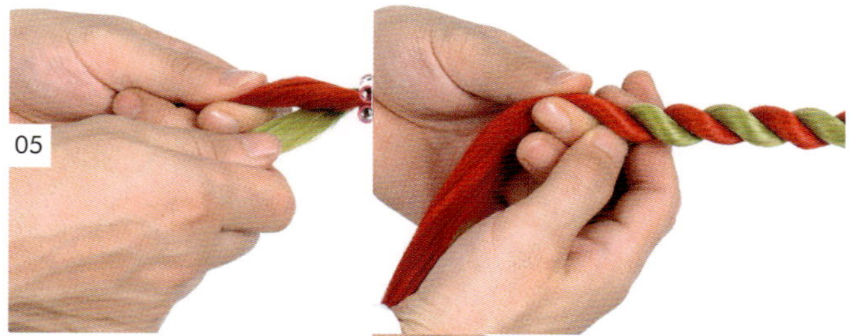

06

〈2와 동일한 조건의 상태〉
왼손에 잡고 있는 가닥 위에
검지를 올려 우측 가닥이
오게 한다.

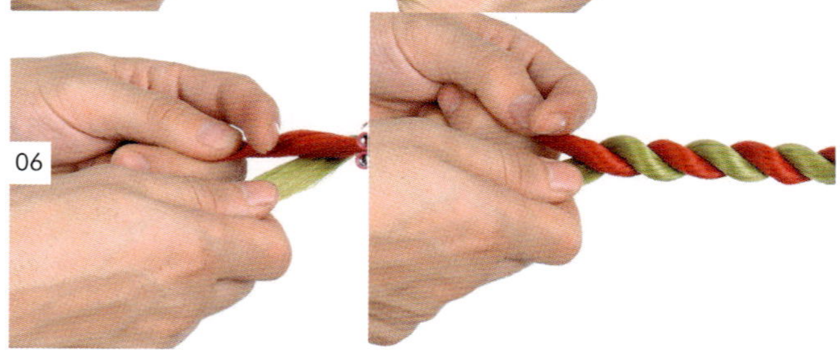

07

〈3과 동일한 조건의 상태〉
오른손이 잡고 있는 가닥을
손목을 틀면서
왼손 엄지와 검지에 넘긴다.

08

오른손은 왼손 엄지와
검지가 잡고 있는 가닥을 2~3번
돌려 꼰다.

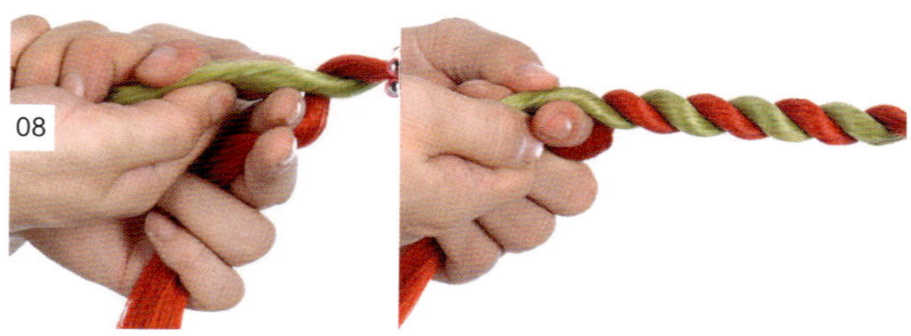

09

〈손 바꾸기-첫 번째의 동작상태〉
꼰 가닥은 왼손 엄지와 검지가 잡고
오른손은 아래 가닥을 가져온다.

10

항상 기본동작으로 반복되면서
진행된다.

11) 두 가닥 로프 편 끌어 땋기

사선 슬라이스를 하여 두 가닥을 나눈 후, 왼손에 잡고 있는 가닥에 검지를 올리고 우측 가닥을 받은 다음 시계방향으로 꼰다.
왼손에 두 가닥 상태에서 오른손이 아래 가닥을 잡아 좌우 두 가닥을 나눠 잡게 되는 순서가 기본적으로 반복된다.

스타트 과정 ▽ 반복과정 ▽

좌측 엄지검지와 검지중지 사이에 가닥이 끼워있는 상태에서 우측 슬라이스를 하여 엄지와 검지에 잡고 있는 가닥에 합류시킨다.

합류시킨 가닥을 오른손이 시계방향(이마에서 턱 방향)으로 꼬고 왼손 엄지와 검지도 비비듯이 하여 오른손을 돕는다.

꼬고 난 후에 오른손 엄지와 검지를 사용하여 왼손 중지와 약지가 잡고 있는 아래 가닥을 오른손 엄지와 검지로 나눠 잡는다.

스타트 과정 ▼ 반복과정 ▼

왼손의 엄지와 검지로 잡고 있던 가닥을 검지와 중지 사이에 끼워 잡는다.

09

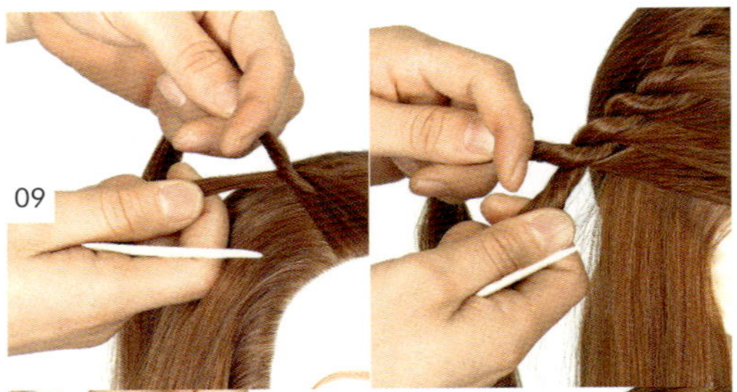

계속 반복되면서 진행된다.

10

11 12 13 14

12) 세 가닥 로프 가닥 뜨기

Point
- 두 가닥 로프와 이미지가 비슷하지만 회전력과 밀도에 차이가 난다.
- 정확한 손동작을 익힌다.
- 회전과 역회전에 따른 로프의 질감을 비교한다.

스타트과정

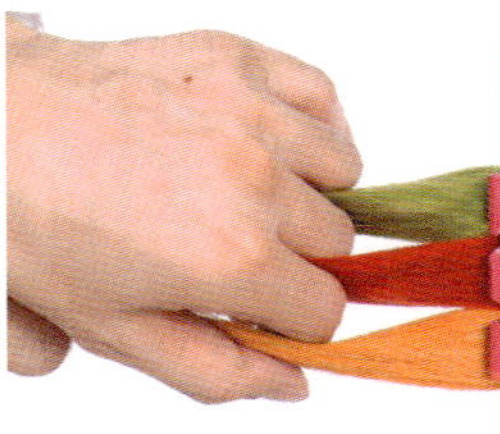

01

왼손으로 가닥 위에서 아래의 방향으로 세 가닥을 나눈다.

02

수평으로 손가락 사이에 끼웠던 가닥을 세로로 바로 세우면서 첫 번째의 동작이 시작된다.

03

오른손 엄지와 검지로 잡고 있는 상단 황색가닥을 시계방향으로 꼬아 다시 잡는다.

04

하단 초록색 가닥을 엄지와 검지로 잡는다.

05

초록색 가닥을 엄지와 검지에 올려 시계방향으로 꼰다. 이때 두 가닥이 섞이지 않도록 황색가닥은 새끼손가락으로 잡아 유지한다.

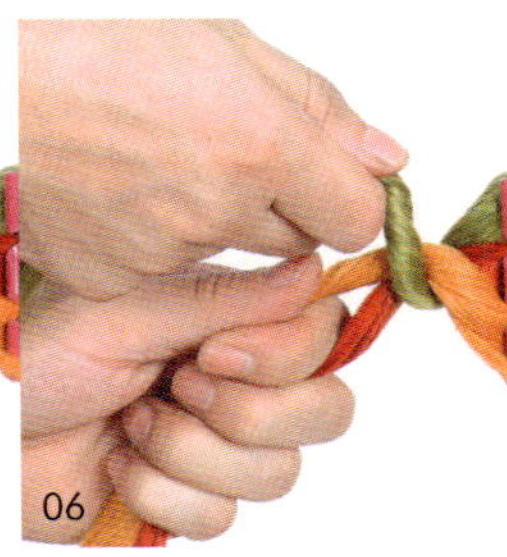

06

꼰 초록색 가닥을 오른손 엄지와 검지로 다시 잡아 가닥의 위치를 상단에 둔다.

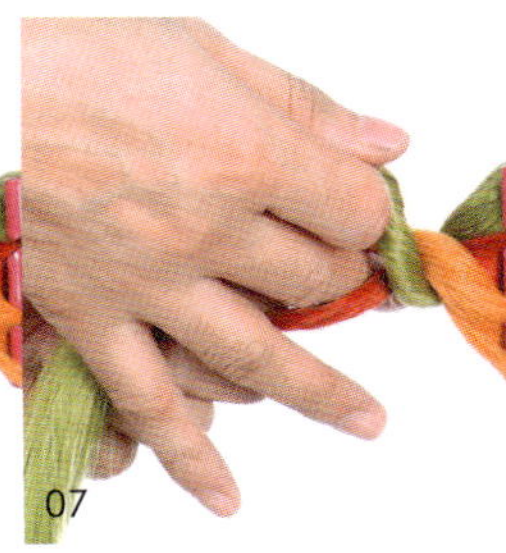

07

엄지와 검지가 초록색 가닥을 잡은 상태에서 왼손이 잡고 있는 두 가닥 사이로 중지를 넣는다.

08

초록색이 상단에 올라가면서 가닥을 잡고 있는 손의 위치가 바뀐 상태.

09

가닥의 위치가 변하지 않도록 왼손 손가락을 오른손이 잡고 있는 동일한 위치로 바꿔 잡는다. 〈하단에 있던 초록색 가닥이 상단에 올라간 상태〉

10

하단 적색가닥을 오른손 엄지와 검지로 잡는다.

11

적색가닥을 왼손 엄지와 검지 위에 올려 2~3바퀴 정도 꼬아 돌린다.

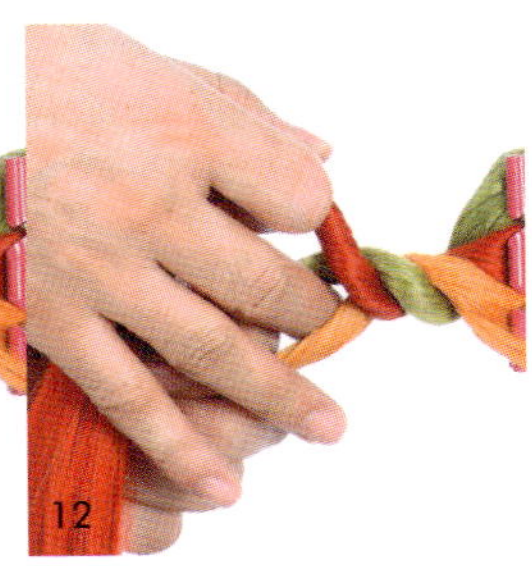

12

꼰 적색가닥을 상단에 두고 중지 이하 손가락을 쭉 편 상태에서 중지를 왼손이 잡고 있는 두 가닥 사이로 넣는다. 손가락을 쭉 펴지 않으면 가닥이 손가락에 끼워지지 않는다.

13

적색이 상단에 올라가면서
가닥을 잡고 있는 손의 위치가
바뀐 상태

14

오른손이 잡고 있는 가닥의 위치가
바뀌지 않도록 왼손의 손가락을
똑같이 넣어 손을 바꾼다.

반 복 동 작

01

02

03

04

05

06

Point

- 땋기의 특징 중에 하나는 똑같은 동작이 반복되는 것이다.
- 세 가닥 로프는 하단의 가닥을 잡아 반대 손의 엄지와 검지에 올려 꼬아 다시 잡고 손가락을 쭉 편 상태에서 중지를 두 가닥 사이에 넣어 손을 바꾼다.
- 가닥의 위치 변화 없이 손만 바꾼 다음 같은 동작이 계속 반복된다.

13) 세 가닥 로프 편 끌어 땋기

01

02

03

01-03. 오른손으로 가닥을 잡고 왼손의 손가락을 넣어 세 가닥을 나눈 상태에서 손목을 90도 회전시키는 것으로 기본자세가 된다. 우측에서 사선 슬라이스하여 검지와 중지가 잡고 있는 아래 가닥에 합류시킨다.

스타트 과정 / 반복과정1 / 반복과정2

04 우측에서 슬라이스하여 합류시킨 하단 가닥을 오른손 엄지와 검지로 잡는다.

05 엄지와 검지로 잡은 가닥을 왼손 엄지검지, 검지약지가 잡고 있는 가닥 사이로 오른손 손가락을 편 상태에서 중지를 집어넣게 된다. 왼손의 두 가닥이 자연스럽게 오른손 손가락 사이에 끼이게 된다.

06 오른손에 잡고 있는 가닥의 위치를 왼손 손가락을 그대로 집어넣어 손을 바꿔 잡고 머리끝이 엉키지 않도록 빗는다.

07 우측에서 슬라이스할 때에는 사선으로 섹션을 잡는 것은 슬라이스 라인을 감추고 넓은 모류를 잡기 위해서다.

스타트 과정

08 우측에서 슬라이스하여 합류시킨 하단 가닥을 오른손 엄지와 검지로 잡는다.

09 엄지와 검지로 잡은 가닥을 왼손 엄지검지, 검지약지가 잡고 있는 가닥 사이로 오른손 손가락을 편 상태에서 중지를 집어넣게 된다. 왼손의 두 가닥이 자연스럽게 오른손 손가락 사이에 끼이게 된다.

10 오른손에 잡고 있는 가닥의 위치에 왼손 손가락을 그대로 집어 넣어 손을 바꿔 잡고 머리끝이 엉키지 않도록 빗는다.

반 복 과 정 1

반 복 과 정 2

14) 세 가닥 로프 양편 끌어 땋기

01-03. 위에서 아래로 세 가닥을 나눈 다음 90도 회전하여 상단 가닥을 시계방향(이마에서 턱 방향)으로 꼰 다음 다시 바로잡는다.

스타트 과정

반복과정 1

반복과정 2

04 빗 꼬리를 사선으로 슬라이스하여 하단 가닥에 합류시킨다.

05 합류한 하단 가닥을 빗어 텐션을 유지하고 하단 가닥을 다시 엄지와 검지로 잡아 분리한다.

06 엄지와 검지가 잡고 있던 가닥을 새기 손가락이 잡고 엄지는 검지 끝자락에 놓인 가닥을 꼬는데 돕는다.

스타트 과정 ▽

반복과정1 ▽ 반복과정2 ▽

07 잡은 하단 가닥을 왼손 검지 위에 올려 이마에서 턱 방향으로 꼰다. 왼손에 잡고 있던 가닥과 합쳐지지 않도록 새끼손가락으로 잡는다.

08 왼편에서 슬라이스하여 가운데 가닥에 합류시킨다.

09 별도의 가닥 꼬기 없이 가닥의 위치가 변하지 않도록 손가락을 넣어 손을 바꾼다.

10 슬라이스는 빗 꼬리를 사용하거나 검지와 약지를 이용한다. 일반적으로 상부는 빗 꼬리를, 하단은 손가락을 이용한다.

11 세 가닥 로프의 가닥은 하단에 합류하고 반대 손 검지에 끌어올려 이마에서 턱 방향으로 꼬게 된다.

손을 바꿀 때에는 꼬았던 가닥을 엄지와 검지가 잡고 중지 이하의 손가락은 편 상태에서 중지와 함께 넣게 되어 가닥이 손가락 사이에 끼이게 된다.

12

13 14 16 17

13–17. 세 가닥 로프 역시 가닥빼기를 통하여 컬의 질감을 표현하기도 하고 가닥을 꼬지 않고 손 바꾸기만 가지고도 자연스런 질감을 나타내기도 한다.

15) 오버브레이드 양편 끌어 땋기와 편 끌어 땋기의 혼합

톱니형태의 슬라이스를 하여 모류의 방향과 슬라이스의 관계를 이해할 수 있는 3단형의 땋기 스타일이다. 양 백사이드에는 볼륨을 고려한 편 끌어 땋기를 하고 마무리에서는 끝머리를 넣어 깔끔하게 연출하거나 밖으로 빼내어 내추럴하게 연출한다.

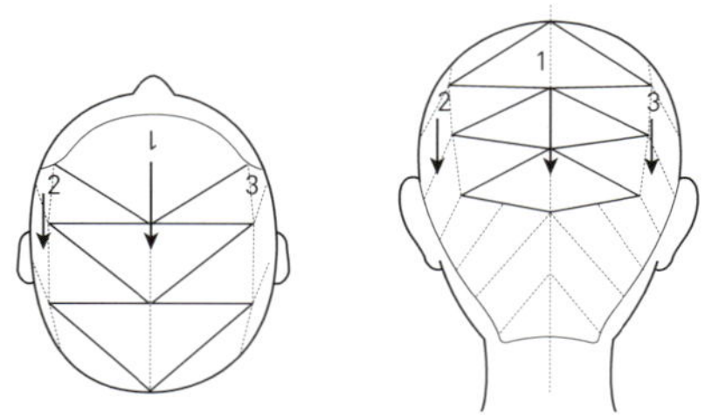

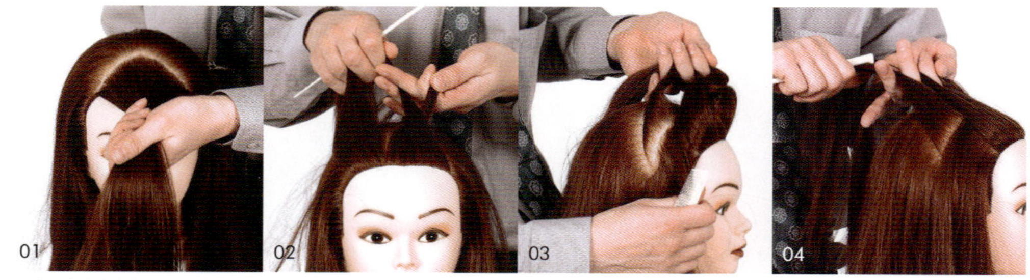

프런트의 삼각베이스를 잡아 오버브레이드 기본동작을 취한다.

손을 바꾸고 난 후 좌측에서 톱니형의 섹션을 잡는다.

다시 손을 바꾼 다음 우측과 동일한 톱니형의 섹션을 잡는다.

섹션은 슬라이스 라인을 가릴 수 있도록 약간 뒤를 향한다.

꼭지점이 귀를 향하게 유지한다.

섹션과 손목을 낮춰 들리지 않게 진행한다.

B.P까지 섹션을 끌어온 후 끝머리는 가닥 땋기로 마무리한다.

첫 톱니섹션에서 기본동작을 잡는다.

손을 바꿔 잡는다.

13

14

측면에서 끌어와 가운데 합친 다음 손을 바군다.

15

톱니에서 측면까지를
하나로 하여 반을 나눈다.

16

나눈 가닥을 가운데 가닥과
합류시킨다.

17

절반 남긴 측면의 섹션을
끌어와 합친다.

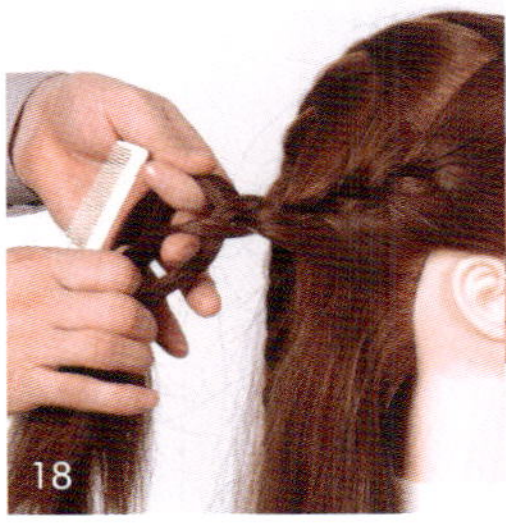

18

여기서부터는 편 끌어 땋기로
진행한다.

19

매듭의 각도가 들릴수록
측면의 볼륨이 커진다.

20

우측과 동일 방법으로 좌측을
진행한다.

21

21-22. 가운데 매듭을
접어놓고 난 후, 양 사이드의
매듭을 접어 넣어 고정한다.

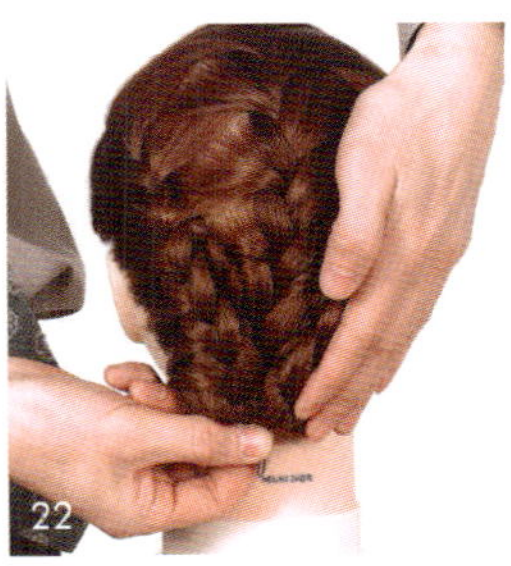

22

1. 하위 스타일-쪽(시뇽)스타일

1) 하위 쪽 연출

○ 땋기의 응용

● 펼치기

가닥을 땋아 넓게 펼쳐 자유교차의 이미지를 포인트로 연출한다. 모량과 길이에 따라 전체 또는 절반으로 나누어 세 가닥을 땋거나 네 다섯 가닥을 하나로 땋아서 펼치듯이 연출한다.

01
루즈하게 땋은 다음 새끼손가락으로 잡는다.

02
위에서부터 넓게 편다.

03

04
새끼손가락으로 끝을 잡은 상태에서 가닥을 끌어당겨 U핀으로 고정한다.

05
첫 가닥으로 반을 연출한다.

06
나머지 반을 땋아 새끼손가락으로 잡는다.

07

08
우측과 마찬가지로 가닥을 펼치면서 머릿솜을 가려 포인트를 연출한다.

09
상단의 가닥은 꺾기로 마무리한다. 땋은 느낌은 사라지고 가닥을 서로 얽혀 놓은 듯한 느낌을 준다.

2) 면 넓히기의 응용

작업 과정에 노출되는 부분을 가리거나 좁은 면을 넓게 펼쳐 연출하고자 할 때 사용되는 방법으로 일반적인 깔끔한 쪽이나 돔(dome)의 연출에 활용된다. 두께를 비벼서 얇게 펴는 것으로, 넓은 면을 만들어 낸다. 빠른 작업과 깔끔한 면이 특징이다.

● 쪽의 연출

깔끔한 포인트의 쪽 연출시 머릿솜을 롯드 와인딩과 같이 말아 넣어 펴는 방법이다.

01

가닥끝을 고무줄로 묶고 원통 머릿솜을 와인딩 한다.

02

03

머릿솜이 움직이지 않게 위에서 아래로 압박하며 밀착시킨다.

04

U핀으로 머릿솜을 끌어당기듯 꺾어 꽂는다.

05

좌 · 우로 끌어 당기듯이 U핀으로 꽂는다.

06

묶음 부위를 가볍게 끌어 당긴다.

07

(체크부위와 같은 빈공간을 커버하고자 할 때)

08

엄지와 검지로 잡아 비벼 편다. 두께감이 느껴진다.

09

10

당기듯이 비벼 펴면서 가려질 곳까지는 중간에 멈추지 않고 단번에 펴는 것이 좋다.

11

곱게 빗질된 상태여야 깔끔하게 펴진다.

12

13

거칠어 보여도 모발이 순서대로 배열된 상태이기 때문에 빗질하면 깔끔하게 나타난다.

14

15

측면은 묶음 부위에서 끌어 가린다. 측면에서 U핀을 꽂아 당긴다.

측면의 늘어진 머리를 빗으면서 빗꼬리로 밀어 말기를 한다.

말려 들어간 부위에는 핀 감춰꽂기로 고정한다.

묶음에서부터 넓혀 고정한다.

말려 들어간 부위를 머릿결에 따라 핀을 넣어
보이지 않게 고정한다.

23~25 완성

– 동일한 기법에 의한 연출스타일 (예)

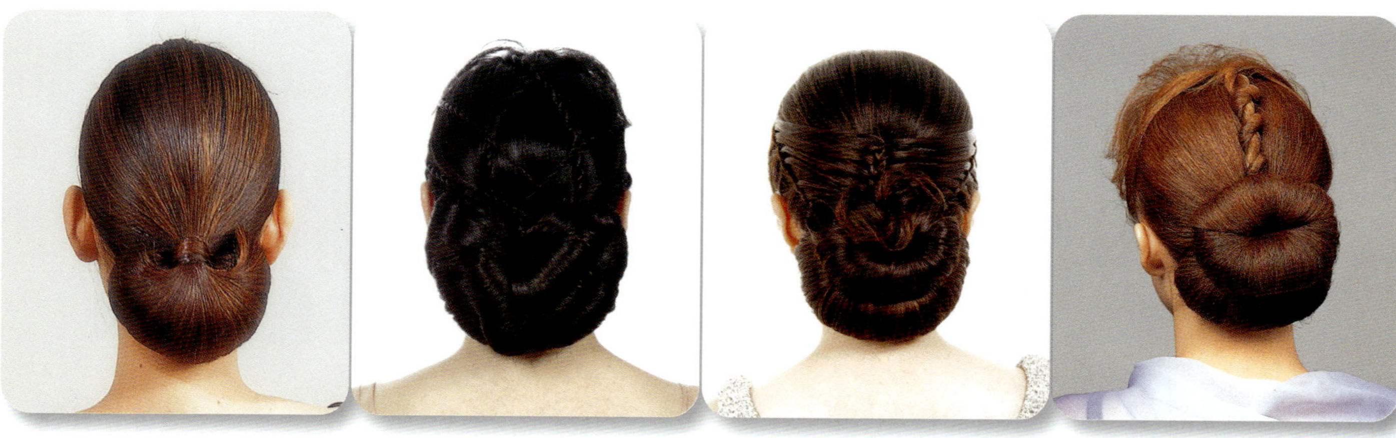

3) 하위 더블 쪽 스타일

사이드의 땋기와 네이프의 더블쪽을 연출하였다. 쪽의 상단과 하단의 와인딩 방향이 각기 다른 면 넓히기이다.

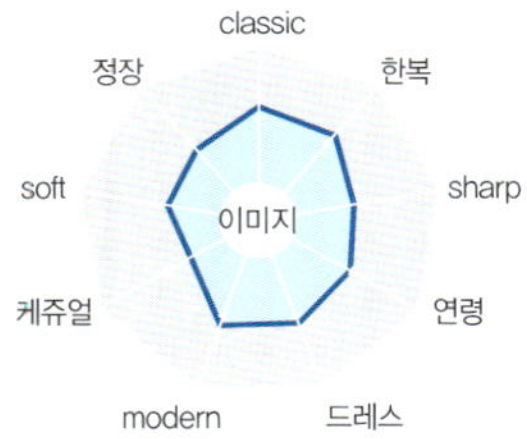

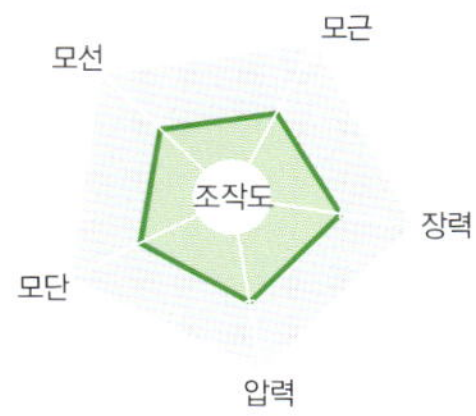

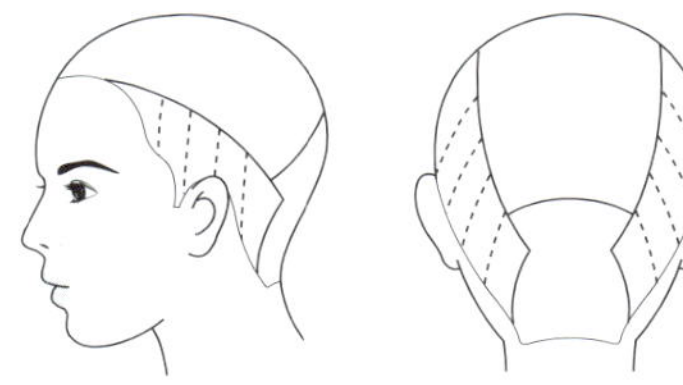

프런트의 모근을 아이론으로 잡는다.

하위 쪽패턴의 블록을 나눈다.

B.P에 묶는다.

내측에 백콤을 넣는다.

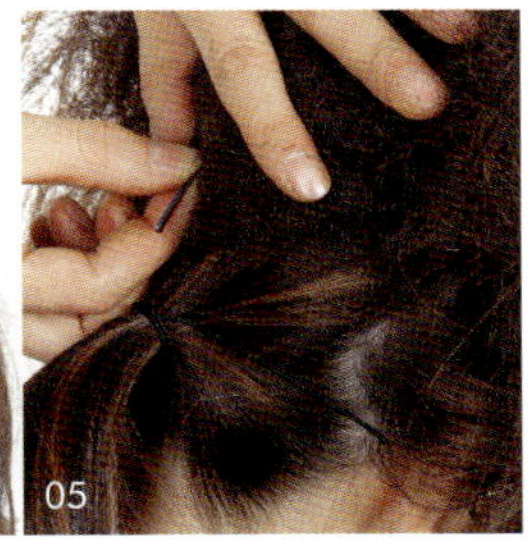

접시형의 머릿솜을 올려 토대 볼륨을 잡는다.

면을 정리하여 B.P에 묶었던 위치에 면의 모발과 함께 묶는다.

측면에 왁스를 발라 잔모발을 정리한다.

좌 · 우에 가닥제쳐 땋기를 진행한다.
(79쪽 가닥 제쳐땋기 참조)

좌우에서 넘어 온 가닥으로 세 가닥 땋기를 진행하여 연출한다.

다발을 2개로 나눠 하단에 머릿솜을 넣어 업 와인딩한다.

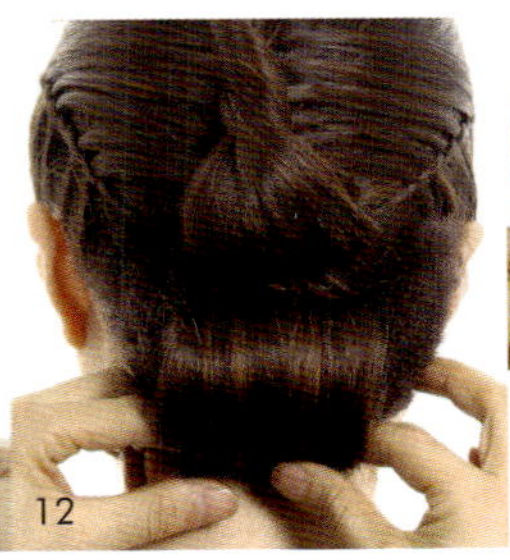

엄지와 검지를 넣어 비벼펴듯이 면 넓히기를 진행한다.

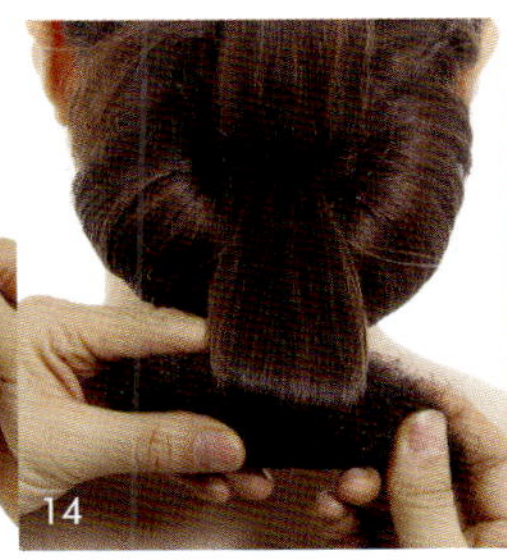

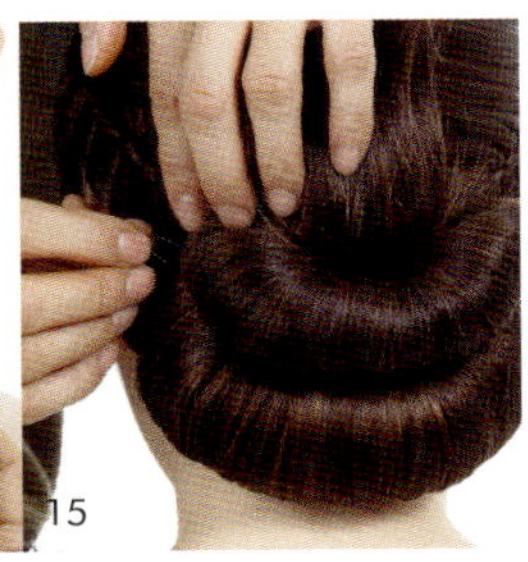

상단 가닥을 잡아 머릿솜을 넣어, 다운 와인딩하여 2단 연출을 한다.

나머지 끝자락을 꺾기로 진행한다.

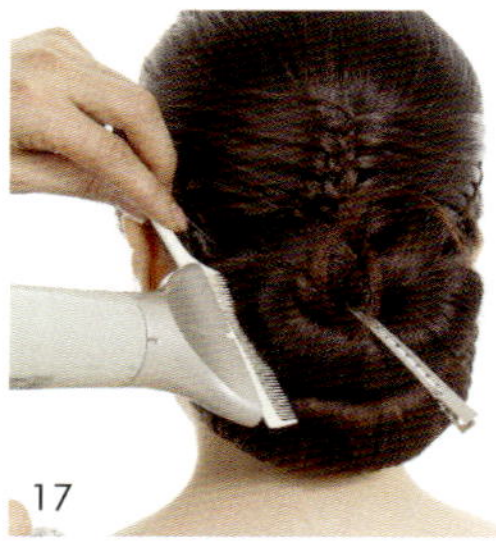

형을 잡고 스프레이를 한 후
드라이 열를 쐰다.

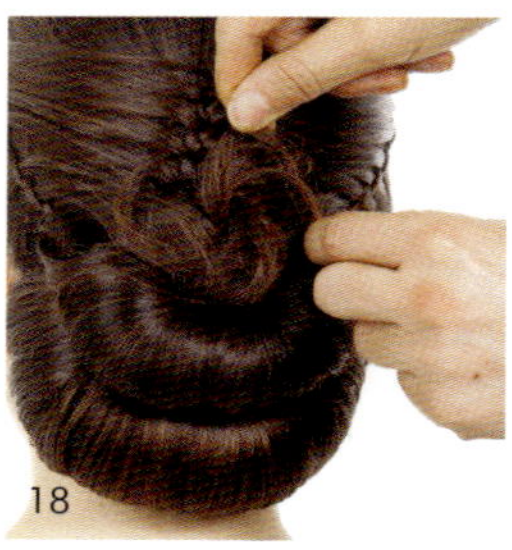

가장자리 끝을 와선 연출로 마무리한다.

4) 면 넓히기의 응용

(1) 3단 면 넓히기 (상위 스타일)

면 넓히기를 상위 스타일로 응용 연출하고 기법의 활용이 스타일의 다양성을 갖게 됨을 이해한다.

01 G/P에 하나로 묶는다.

02 삼등분 할 것을 염두에 두고 하단에서 섹션을 떠서 롤 싱을 넣어 말아 들어 간다.

03 양쪽에 보비핀으로 고정한 후 넓게 펴 준다.

04 삼등분에서 위로 올라갈수록 모량이 많아야 하며 크기도 크게 표현한다.

05 전 단계와 시술 과정은 동일하나 싱을 더 크게 넣고 엄지와 검지 손가락을 사용하여 반달형으로 펴 준다.

06 마지막 남은 모발은 사진과 같이 앞으로 넘겨 변형U 핀을 넣어 고정한다.(모량이 많으면 일반핀은 역할을 하지 못한다)

07 상대적으로 싱을 크게 반달형으로 만들어 넣고 고정한 다음 사진과 같이 엄지와 검지를 집어 넣어 펴준다.

08 펼 때에는 중앙에 깊숙이 손가락을 넣어 엄지와 검지를 비비듯이 하여 면까지 연결되도록 한다.

09 실루엣을 고려하며 클립으로 고정하고 면과 맞닿는 연결이 되도록 한다.

(2) 롤 쌓기 스타일

미니롤을 비대칭으로 쌓아올려 모발의 반사 빛에 의한 신비감을 더해준다. 롤의 형태를 취하지만 기법은 면 넓히기 기법으로 연출되었다.

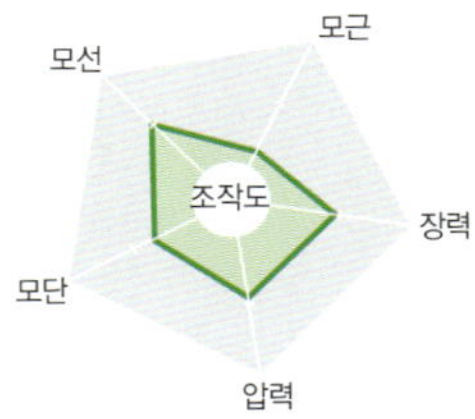

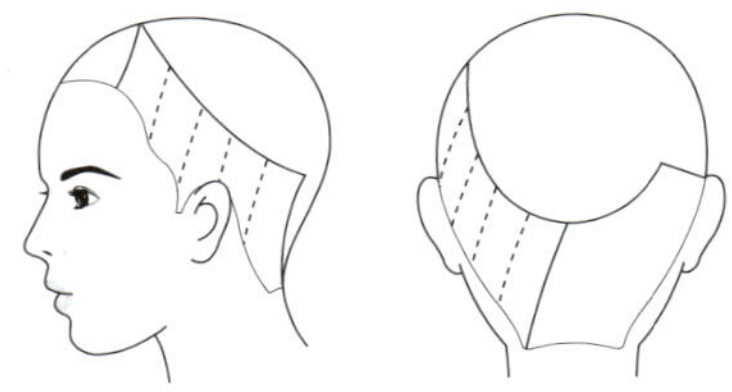

BEFORE

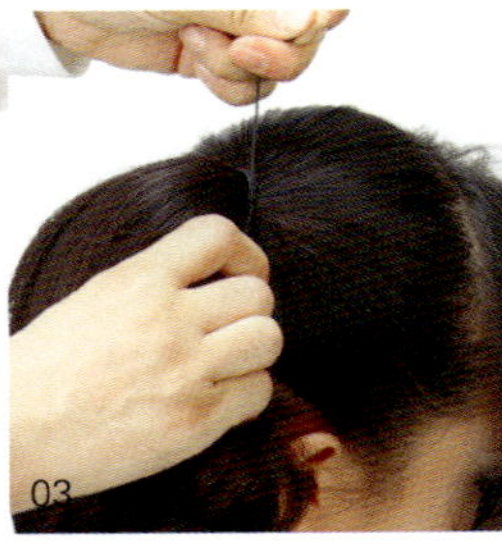

좌측의 측면을 남기고 우측 사이드를 포함하여 내측을 우측 측두부에 묶는다.

피스를 덧대어 부족한 모량을 확보한다.

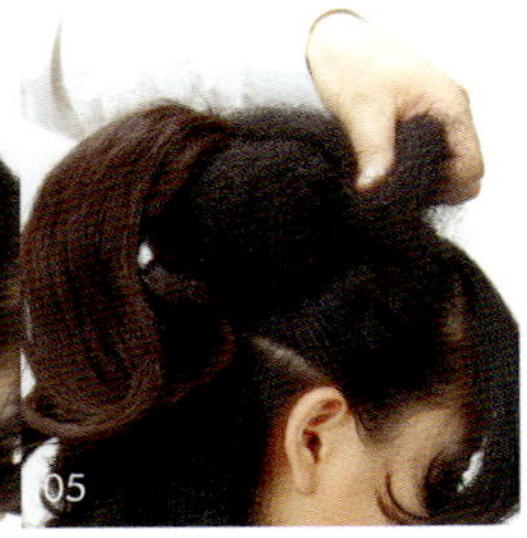

머릿솜을 감아 돌려 토대 볼륨을 잡는다.

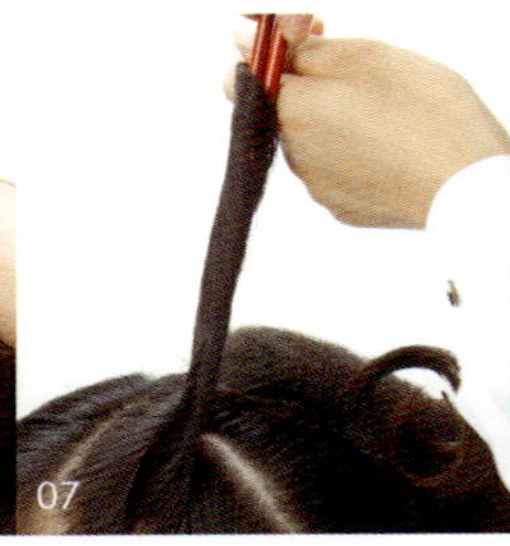

측면에 스틱꺾기로 다이나믹한 모류를 잡아 면의 변화를 넣는다.
스틱의 사용 방법은 손가락에 끼워 돌리는 것과 동일〈112쪽 스틱꺾기 참조〉

후두부를 깔끔하게 걷어 올려 고정한다.

길다란 막대 머릿솜을 바깥 말음으로 와인딩한다.

머릿솜이 움직이지 않게 고정한 다음 면 넓히기를 한다.

측면의 가장자리를 우선으로 진행한다.

묶음에서 섹션을 잡아 핀으로 고정한다.

막대 머릿솜은 가늘면서 길게 만들고 말아 넣을 때에는 와인딩과 같으며 배열을 고려하여 고정한다.

포인트의 바깥으로 먼저
배열한다.

2단을 쌓는다는 마음으로
진행한다.

길다란 머릿솜을 넣고 와인딩하면서 넓게 펴고 나서 고정한다.

탑을 쌓아가듯 포인트를 향해
배열해 나간다.

와인딩 과정에서부터
면을 넓히면서 진행한다.

놓이는 위치, 모량의 분배,
롤의 개수를 계산하며 진행한다.

머릿솜이 노출되지 않게 면을 넓혀 감추고
스프레이를 한다.

사이드 흐름으로
뱅을 마무리 연출한다.

(3) 역행 돔 스타일

측면의 스틱 꺾기에 의한 연출과 돔의 포워드로 나타나는 모류가 색다르다. 전면에서는 대칭의 형을 나타내지만 후두부에서는 비대칭의 형태를 나타낸다.

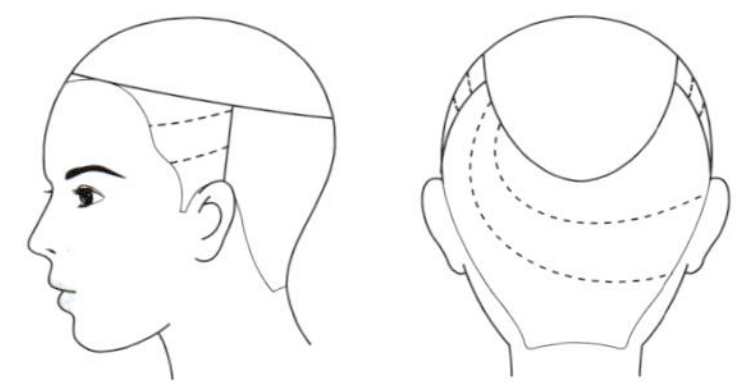

01 두정부를 묶는다.

02 후두부의 섹션을 잡아 왁스를 바른다.

03 곡선 스틱꺾기하여 측면에 고정한다.

04 슬라이스 라인이 노출되지 않게 각을 잡아 스틱 꺾기를 한다.

05 포인트를 좌측 측면에 두고 그 위치에 고정한다.

06 f.p에서 마름모 꼴로 후두부의 모발과 함께 묶는다.

07 측면에 곡선 슬라이스하여 스틱 꺾기를 진행한다.

08 섹션의 각을 반대로 완전히 젖힌 다음에 꺾는다.

09 페이스 라인에 왁스를 발라 잔모발을 정리한다.

10 묶음 주변 측면의 모발들을 고정한다.

11 T.P과 G.P사이에 반달형의 머릿솜을 올려 고정한다.

12 모발을 뒤에서 앞으로 넘겨 잡는다.

13 엄지와 검지로 모발을 잡아 면을 넓힌다.

14 말린 면과 두피의 면을 핀으로 고정한다.

15 포인트를 와선으로 마무리한다.

2. 하위 양감 스타일

1) 스켈럽 땋기 (scallop braid)

스켈럽 땋기는 땋으면서 이루어지는 매듭 가닥을 조금씩 뽑아 내어 조가비 모양의 형태를 자연스러운 컬의 느낌으로 표현되는 것을 말한다. 이와 같은 방법을 응용하여 스트레이트 모발을 강하게 트위스트한 후 가닥을 뽑아 내어 컬의 질감으로 표현하기도 한다.

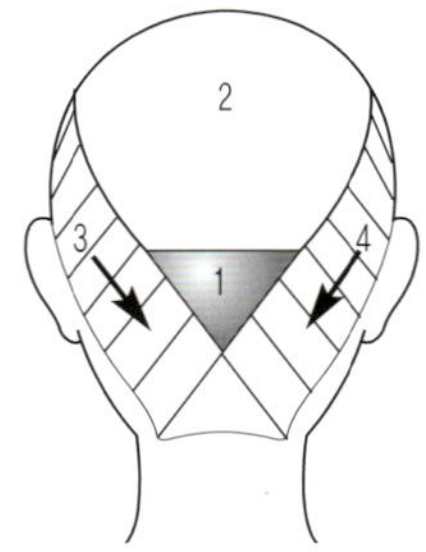

라운드 파트를 한 후 후두부의 싱을 넣어 기본 실루엣을 잡는다.

후두부 전체를 백콤하여 토대 위에 고정시킨다

세 가닥 끌어 땋기를 한다.

2-3스텝 땋고 나서 매듭에 가닥을 조가비 모양으로 뺀다.

땋으면서 바로 빼 버리면 땋는 머리가 흐트러지고 모두 땋아 놓고 빼려면 잘 빠지지 않는다.

끝까지 땋은 다음 스프레이하여 백콤하면 풀리지 않는다.

가닥을 손가락 사이에 끼우고 빗꼬리를 이용하여 깨끗한 슬라이스를한다.

뺄 때는 손가락이나 꼬리빗을 이용하여 빼고자하는 가닥만 뺄 수 있도록 한다.

빼내는 가닥이 조가비 형태를 갖도록 모양을 잡는다.

N/P에 묶었던 모발은 트위스트 스켈럽을 만들어 준다.
(빗을 꽂은 이유는 형태를 잡기 위함)

양 백사이드에 싱을 땋은 면 속에 넣어 실루엣을 조절한다.

땋은 가닥 끝까지 조가비 모양을 만들어 뺀 다음 연결시켜 마무리한다.

2) 가닥 제쳐땋기

하위 양감패턴의 프레임. 측면의 제쳐땋기와 포인트의 내추럴 질감으로 생기있는 이미지를 의도한 연출이다.

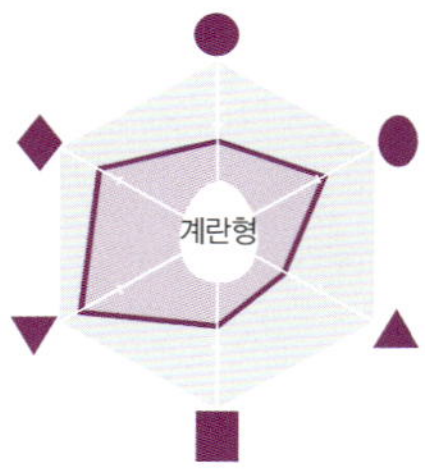

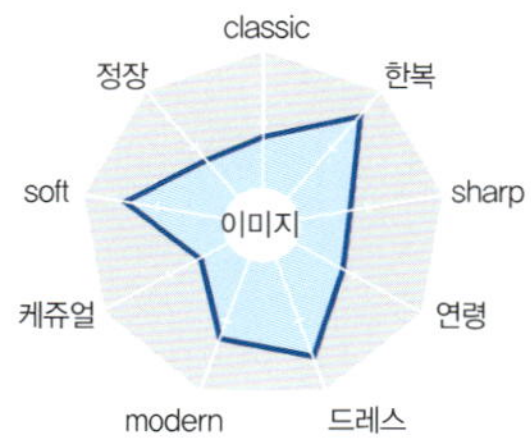

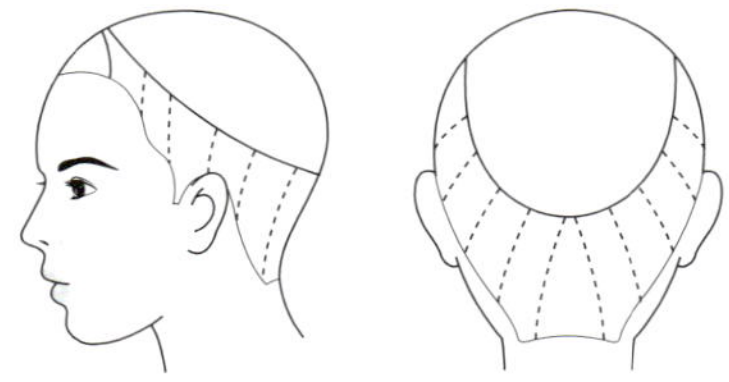

BEFORE

투 블록의 안과 바깥의 영역으로 나눈다.

후두부에 머릿숨을 올려 토대를 만든다.

두정부에 백콤을 넣는다.

면을 정리한 다음 B.P에 묶는다.

묶음의 고무줄을 토대 위에 핀으로 다시 고정한다.

측면의 섹션을 나눈 다음 오버 브레이드 기본 동작을 잡는다.

손을 바꿔 가닥을 빼어 놓는다.

두 가닥을 사진과 같이 바꿔 잡는다.

섹션을 잡아 역방향으로 꼰다.

손을 바꿔 잡아 가닥을 제쳐놓는다.

역방향으로 꼬는 것은 질감을 강하게 나타낸다.

네이프까지 진행하고 마지막 가닥은 토대 위에 고정한다.

좌측은 우측의 손의 역할이 좌우로 바뀔 뿐,
동일한 방법으로 진행한다.

빼어낸 가닥은 2차 응용되어 연출될 수 있다.
여기서는 그대로 B.P 좌우에 고정하고 매듭의 위치를 핀으로 고정하여 바로잡는다.

끝머리에 왁스를 발라
정리한다.

상단의 가닥을 꼬아 가닥빼기를 하여 고정하고 하단은 떨어지는 질감으로 연출한다.

모단의 방향만 틀어 뱅을
연출한다.

3) 세 가닥 로프 편 끌어 땋기

세 가닥 로프 편 끌어 땋기를 이용하여 측면을 걷어올린 비대칭 스타일이다.
자연스런 컬을 두어 발랄한 이미지로 연출한다.
좌우대칭으로 연출하여 일반 업스타일에도 충분히 활용할 수 있다.

01
BEFORE

02

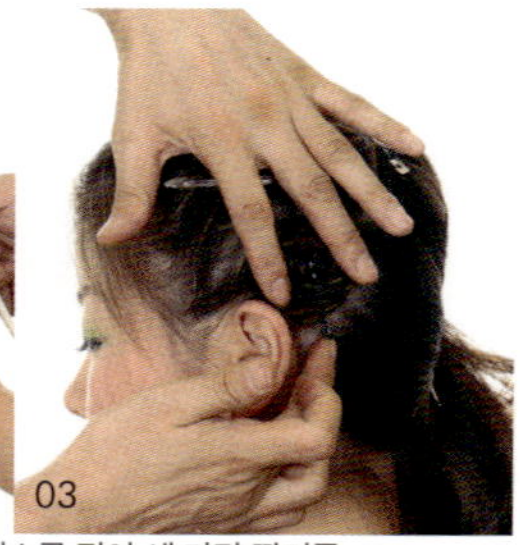
03
〈토대만들기〉좌측 귀 뒤에 원형베이스를 잡아 세 가닥 땋기를 한 후에 따리 모양으로 틀어 고정한다.

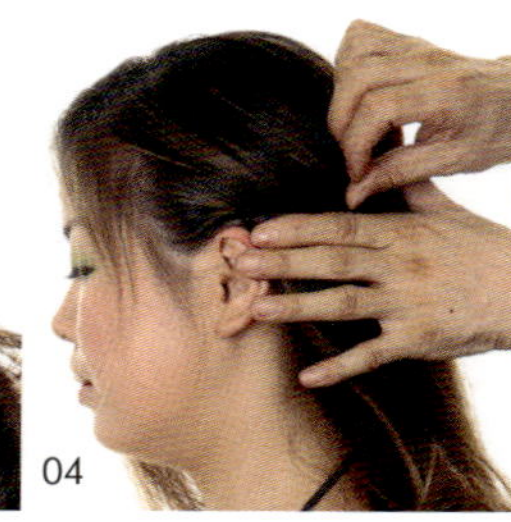
04
좌측 사이드의 머리를 귀 뒤로 넘겨 고정시킨다.

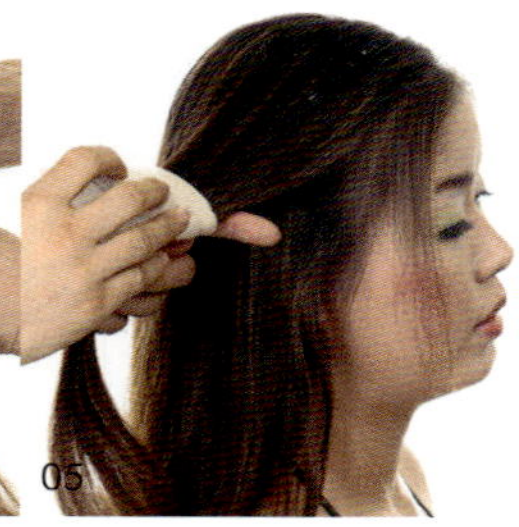
05
두정부의 노출될 면 부위에 왁스를 바른다.

06
S.C.P에서 사선으로 섹션을 나눈다.

07
〈내추럴 로프 땋기〉오른손으로 섹션을 잡고 왼손으로 세 가닥을 가른 다음 왼손을 바로 세운다.

08

09
검지와 중지를 사용하여 섹션을 잡아 왼손의 아래 가닥에 합류시킨다.

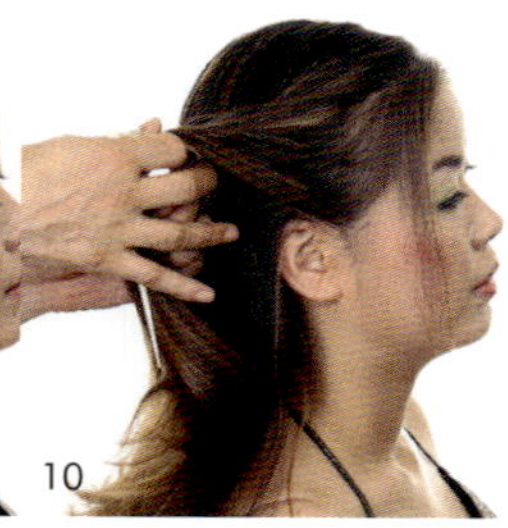
10
〈손 바꾸기〉합류시킨 가닥을 오른손 엄지와 검지로 잡고 왼손 두 가닥 사이로 오른손의 손가락을 편 상태에서 중지 손가락을 집어넣는다.

11
오른손에 잡혀있는 세 가닥을 왼손 가닥의 위치가 바뀌지 않은 상태에서 그대로 손가락을 집어넣어 손을 바꾼다.

12
한번의 과정이 끝난 상태로 다시 페이스라인에서 중지와 검지를 사용하여 왼손에 잡고 있는 아래 가닥에 합류시킨다.

13
손을 바꾸는 동작으로 엄지와 검지로 아래 가닥을 잡아 올린 다음 왼손에서 잡고 있는 가닥에 중지를 집어넣는다.

14
다시 왼손이 오른손이 잡고 있는 상태의 그대로 왼손의 손가락을 집어 넣어 손을 바꾸면서 반복 진행한다.

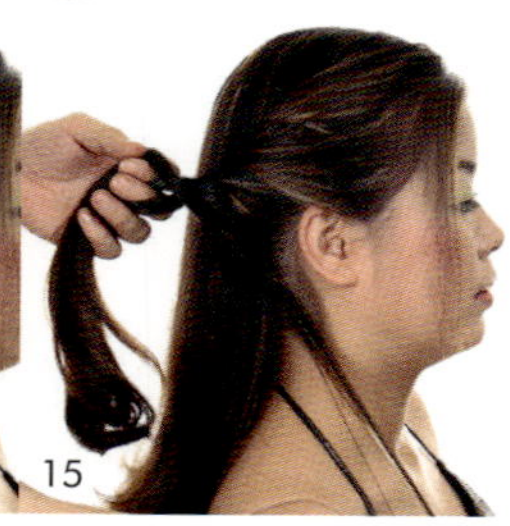
15
좌우의 밸런스를 고려한 소량의 가닥을 네이프 코너에서 떨어뜨린다.

16

17

면의 흐트러지지 않도록 빗 꼬리를 이용하여 면을 가다듬고 섹션을 자연스럽게 떨어진 위치에서 걸어 올린다.

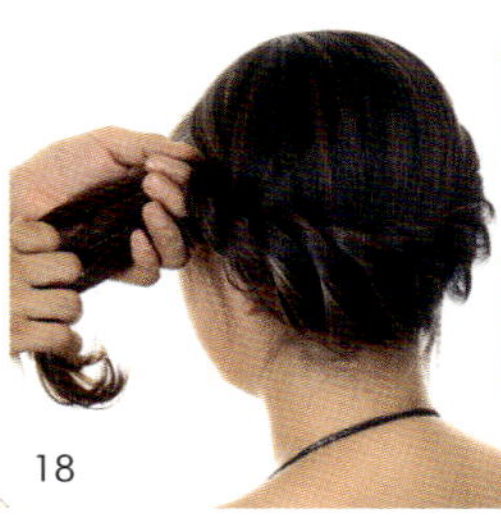
18

좌측 토대 위까지 진행을 한다. 로프의 감각을 내고 싶을 때에는 가닥을 시계방향으로 꼬아서 진행한다.

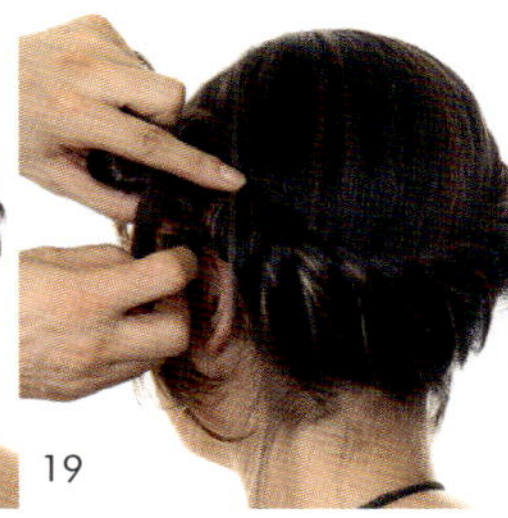
19

토대 위에 고정시킨다.

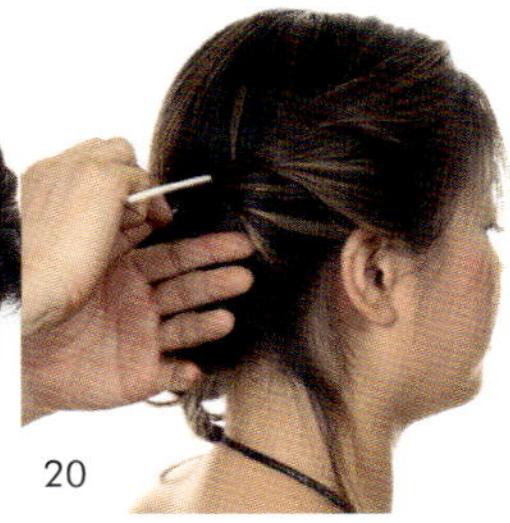
20

매듭의 위치를 끌어올려 핀이 보이지 않도록 고정한다.

21

굵은 아이론을 사용하여 끝머리에 컬을 넣는다.

22

23

엄지와 검지를 사용하여 실루엣의 설정에 벗어나지 않게 가닥가닥 뺀다.

24

페이스라인의 잔머리는 아이론으로 자연스런 컬로 마무리한다.

4) 트위스트 연출

또리를 크게 만들어 하나의 또리가 독립된 느낌을 주면서
헴라인에 걸치게 하여 연결 지었다.
무게중심이 아래에 있어 안정감이 느껴지면서
굵은 트위스트의 선이 올 백으로 넘어가는
빈약함을 커버해준다.

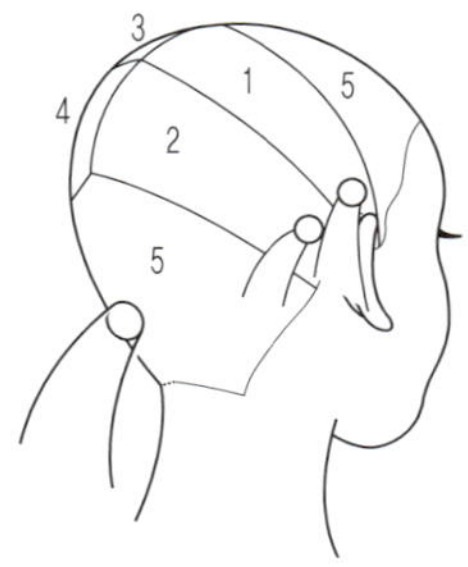

01 E.T.E 파트 보다 2cm앞으로 슬라이스하여 전두부 파트를 나눈다

02 전두부를 제외한 나머지를 5파트로 나누고 최대한 헴라인에 맞추어 묶는다.

03 1번 파트를 B/P에 남긴 모발과 함께 묶는다.

04 사이드에서부터 머리 다발을 트위스트한다.

05 달팽이 모형으로 감는다.

06 약간의 헝클어진 느낌의 스켈럽 가닥빼기를 한다.

07 또리 형태가 페이스라인에 1/3정도 걸치도록 위치시킨다.

08 위와 동일 방향으로 트위스트한다.

09 달팽이형의 위치를 조정하여 감는다.

10 U 핀으로 형을 보정하면서 보비핀으로 마무리한다.

11 위의 6과 같이 가닥을 뺀다.

12 남는 머리를 가지런히 빗질한 다음 두 가닥으로 나눈다.

13 한 가닥으로 하기에는 모량이 많기 때문에 두 가닥으로 나누어 트위스트한다.
(잔머리가 빠지는 것을 방지하기 위해 포마드나 스프레이 한다)

14 전과 동일한 형태로 만든다.

15 간격을 고려하여 고정시킨다.

5) 하위 외가닥 트위스트 잇기 연출

외가닥을 계속 꼬다보면 가닥이 뒤틀리면서 똬리를 틀게 되는 형태를 이용하여 스타일을 완성하는 것으로 한 가닥의 똬리가 끝날 즈음 다음 가닥을 이어서 계속 트위스트한 후 마지막에 핀으로 고정한다.
사이드와 같은 디자인은 스틱바깥꺾기로 트위스트의 응용이다.

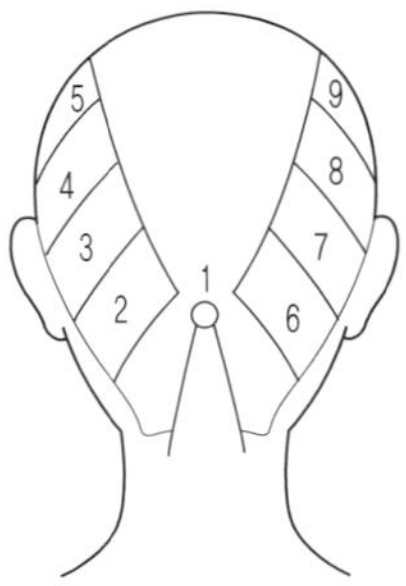

두정부와 후두부를 N/P에 묶고 사이드는 사선으로 여러 파트를 나눈다.

스틱바깥꺾기로 일반 스틱 꺾기의 반대 방법이다.

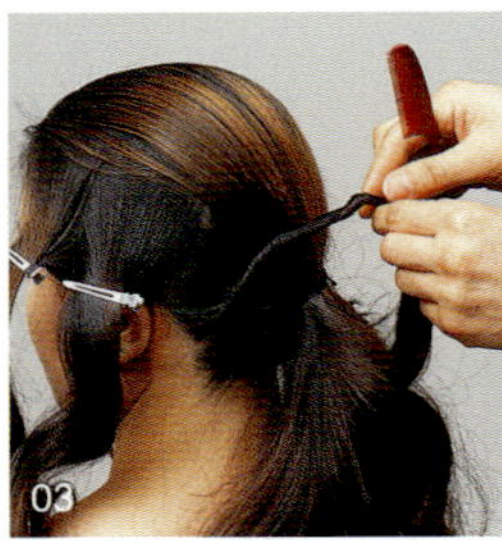

섹션 끝까지 두피에서 들리지 않도록 트위스트한다.

텐션을 강하게 하여 왼손으로 잡고 오른손으로 감아 말듯이 빗꼬리를 대고 왼손으로 꺾어 다시 오른손에 갖다 놓는다.

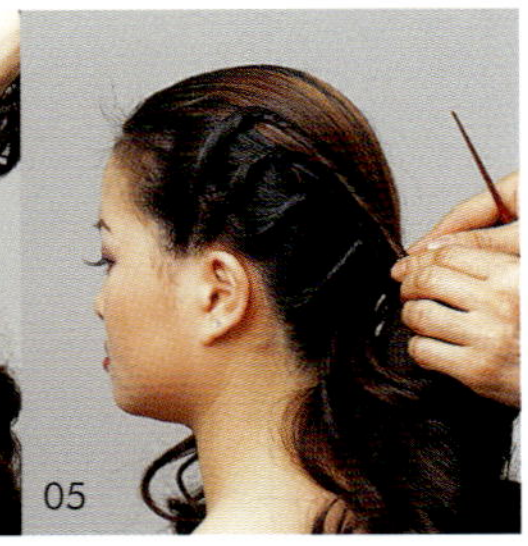

묶은 위치에서 감아 처리하지 않고 트위스트 핀 꽂기를 하여 사진과 같이 위치시킨다.

좌측과 같은 방법으로 우측을 마무리한 후 N/P에 싱을 위치시킨다.

싱 위에서 외가닥 트위스트를 시작한다.

잔모발이 일어나지 않도록 포마드를 발라 진행한다.

똬리를 튼 모양이다.
계속 이어서 트위스트를 한다.

트위스트를 연속이어서 하기 때문에 U 핀으로 고정하면서 위치를 잡아 진행한다.

연결할 때에는 한 손으로 풀리지 않도록 잡고 나머지 한 손으로 트위스트한 다음 합친다.

싱이 드러나지 않도록 양을 고루 분배하여 U 핀으로 고정한다.

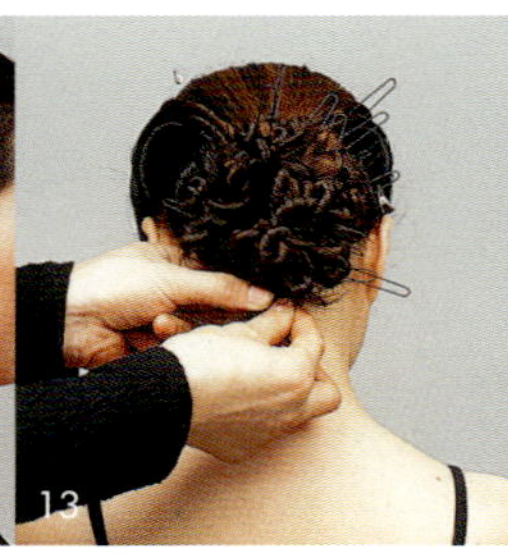

보비핀으로 고정하는 것은 마지막 트위스트가 끝난 모발 한 가닥이다.

시뇽의 전체적인 실루엣을 잡으면서 트위스트간의 연결을 U 핀으로 고정한다.

망을 씌워 흐트러지는 것을 방지한다.

3. 승무원 스타일

1) 쪽 스타일

개인의 멋보다 업무의 일환으로 연출하는 승무원 헤어스타일은 기능성에 우선을 두고 심플하면서 단정하게 연출한다.

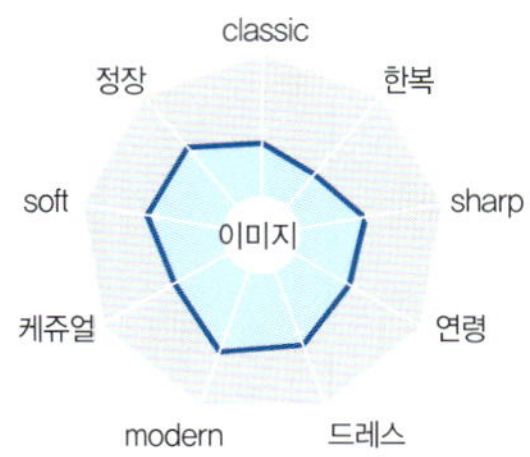

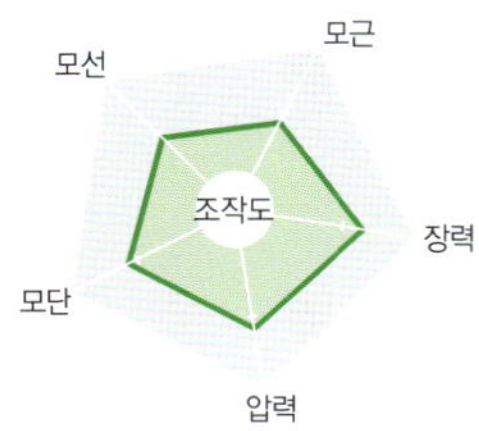

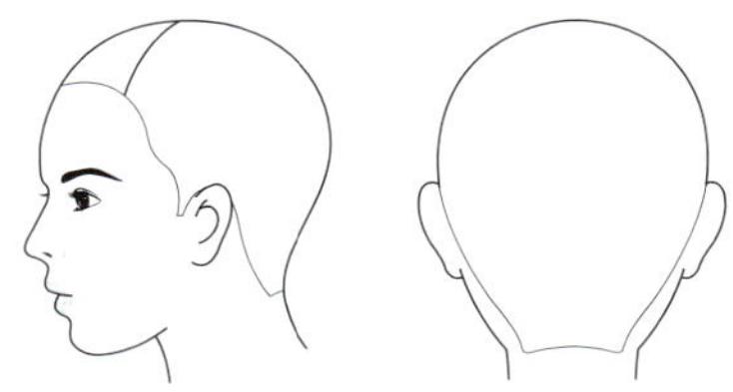

T.P와 F.S.P를 연결하는 블록을 나눈다.

프런트를 제외한 나머지 모발을 하나로 잡아 왁스를 바른다.

끝머리를 잡고 네이프에서부터 쓸어 엄지와 검지가 밀착되게 잡아 묶는다.

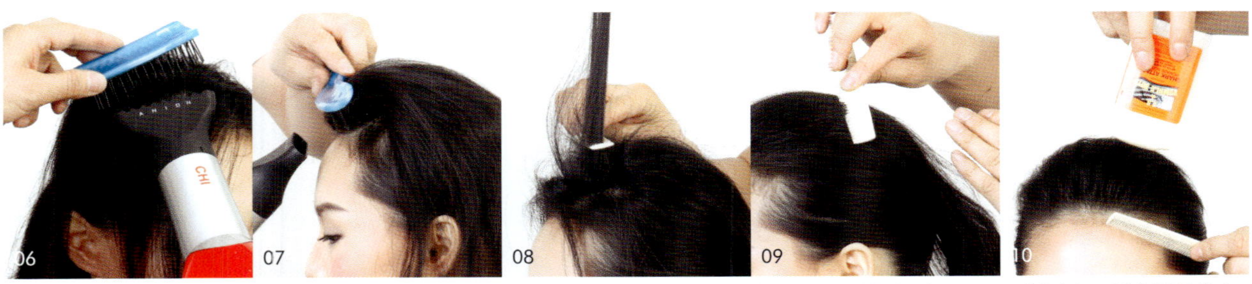

S브러시로 꺾어 올백으로 모근의 볼륨을 잡는다.

90도 섹션을 잡아 모근 백콤을 넣는다.

올백으로 넘겨 결을 잡는다.

표면의 페이스 라인에 왁스를 발라 잔모발을 정리한다.

면을 정리하여 묶음으로 유도한다.

두음을 핀으로 고정하고 면을 클립으로 잡는다.

망을 U핀을 걸어 묶음 다발을 씌운다.

곱게 가닥으로 정리하여 감아 돌린다.

망과 함께 걸어 U핀을 고정한다.

2) 세미 소라 스타일

소라는 고전적 업스타일 중에 하나로 지금까지도 유행성에 뒤지지 않는 세련미를 갖추고 있고 다양한 컨셉트에 대응하는 스타일 중에 하나이다.
본 스타일은 모델의 멋스러움보다도 업무의 특성과 효율성을 우선하는 승무원, 도우미, 웨이트리스 등의 활동성을 강조한 컨셉트에 맞춰 스타일을 제안한다.

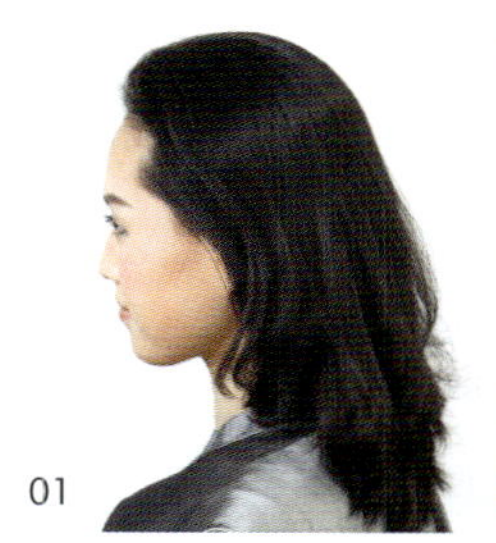
01
BEFORE

02

03
크라운과 양측의 좌우로 블록을 나눈다.

04
세로 섹션으로 두피에서 90도 들어 백콤을 넣는다.

05
좌측 면을 정중선에 맞춰 정리한다.

06
정중선에 손으로 누른 다음 고정한다.

07
면이 흐트러지지 않게 클립으로 잡는다.

08
우측 면의 백콤을 넣는다.

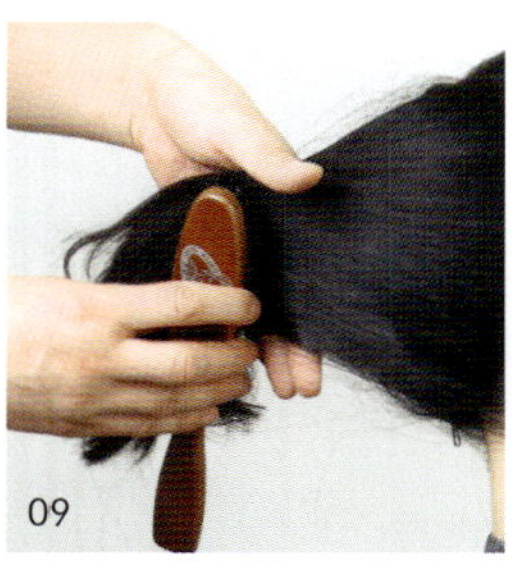
09
검지를 펴서 면을 잡는다.

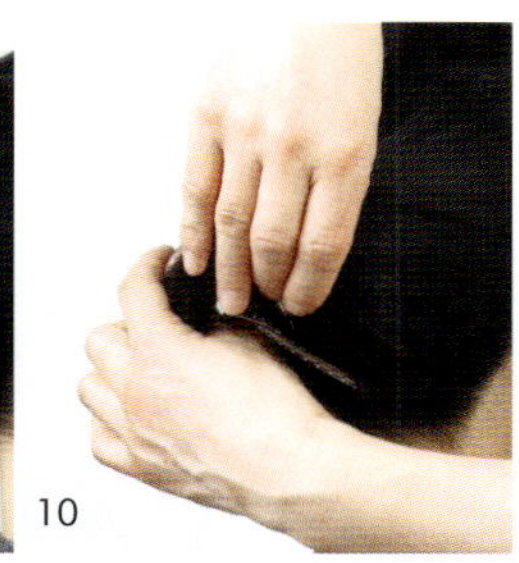
10

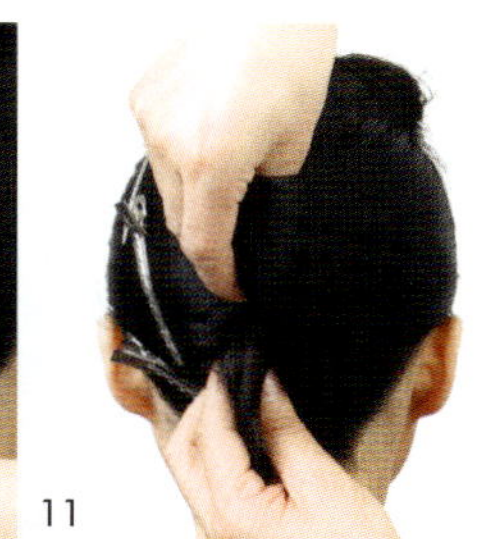
11
오른손으로 면을 잡고 왼손은 끝을 잡은 상태에서 손목을 틀어 말고 끝머리는 아래로 당긴다.

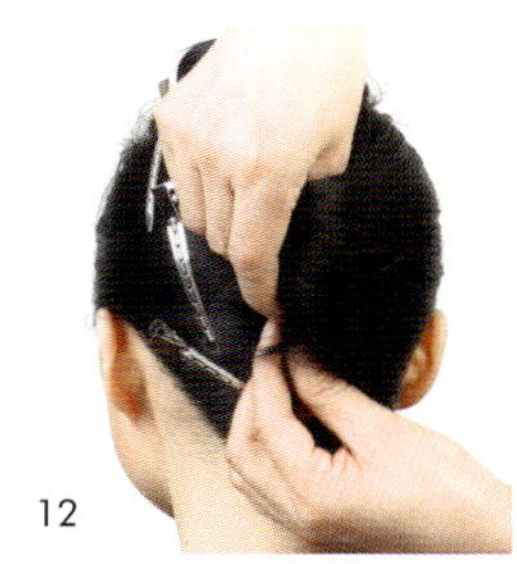
12
끝머리를 롤 안으로 넣는다.

13 말린 하단을 엄지와 검지로 펴 내린다.

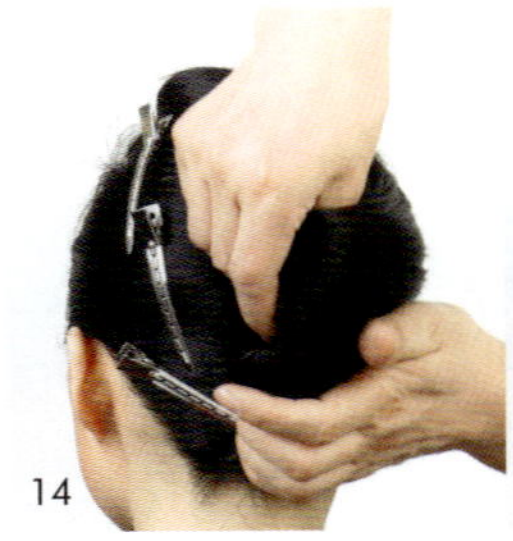

14 네이프 라인에 새끼손가락부터 오므려 말아 넣는다.

15 상단으로 이동하면서 말아 넣는다.

16 엄지로 잡은 위치에 보비핀으로 고정한다.

17 하단으로 내려오면서 연결부위를 고정한다.

18 크라운 모발을 손가락에 감아 돌려 끝을 감춘다.

19 사이드와 흐름을 연결시켜 고정한다.

20 젊은 표현으로 측두부의 볼륨을 강조하지 않는다.

4. 매듭 연출

일상적인 묶음의 매듭과 동일한 것으로 매듭의 성질을 이용하여 면을 연출하고 매듭 요철의 특성을 살려 연출한다. 모량이 적거나 짧으면 연출하기 어려운 단점이 있다.

섹션에 엄지가 단순압력을 가한다.

손목을 회전시켜 세운다.
섹션과 엄지가 서로 힘이 맞선 상태가 아니면 가닥이 흐트러진다.

손바닥을 펴서 엄지 뒤로 가닥을 돌려 준다.

손바닥을 세워 새끼손가락으로 가닥을 잡는다.

이때까지 끝머리의 텐션을 유지한다.

손목을 바르게 한다.

엄지와 검지에 자연스럽게 가닥을 잡는다.

빗꼬리로 가닥이 약간만 노출되도록 빼낸다.

노출된 가닥을 잡아 좌우로 텐션을 유지한다.

세갈래의 모양으로 잡아 누른다.

맞 당긴다.

U핀으로 좌우를 각각 고정한다.

완성된 매듭.

– 동일한 동작에 의한 연출스타일 (예)

○ 포인트 매듭

한 포인트에 매듭을 집중시켜 스타일을 연출한 경우. 면의 볼륨을 잡지 않고 섹션을 나눠 잡아 후두부에 위치시켰다.

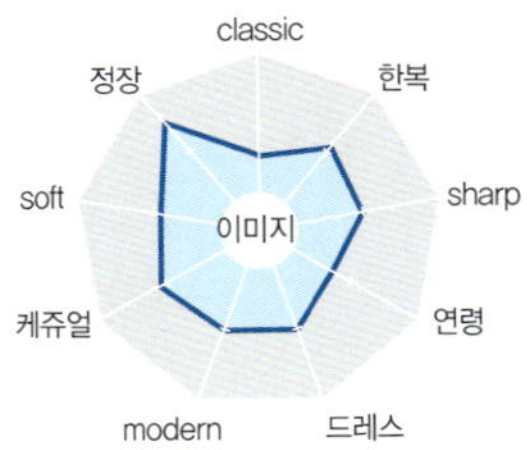

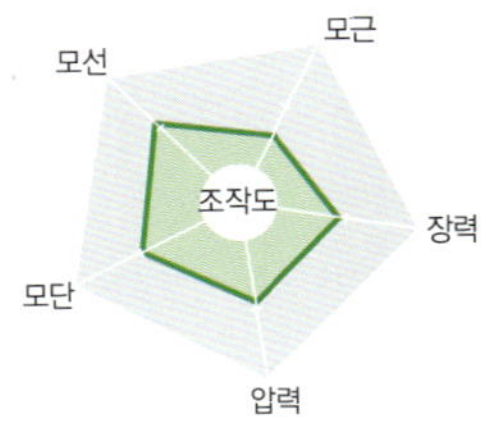

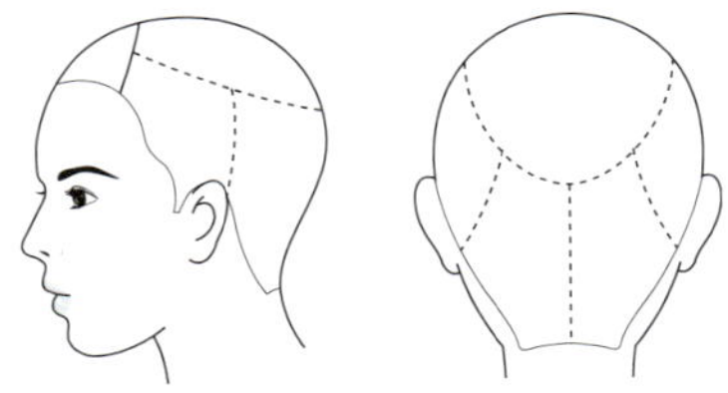

BEFORE

내측 영역을 V로 나눠 잡는다.

면을 가지런히 정리한다.

섹션에 엄지를 올려 단순압력을 가한다.

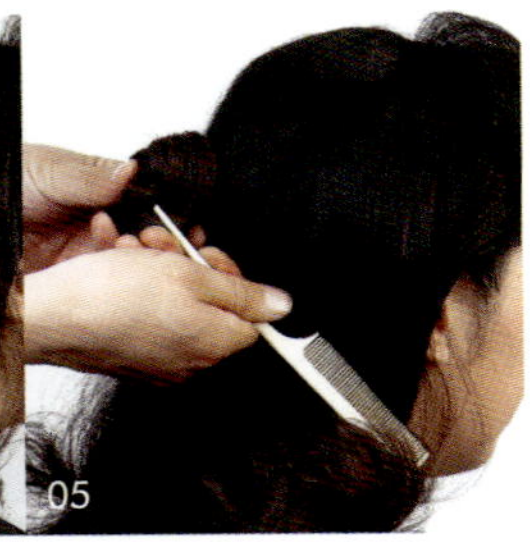

엄지를 축으로 매듭을 만든다.

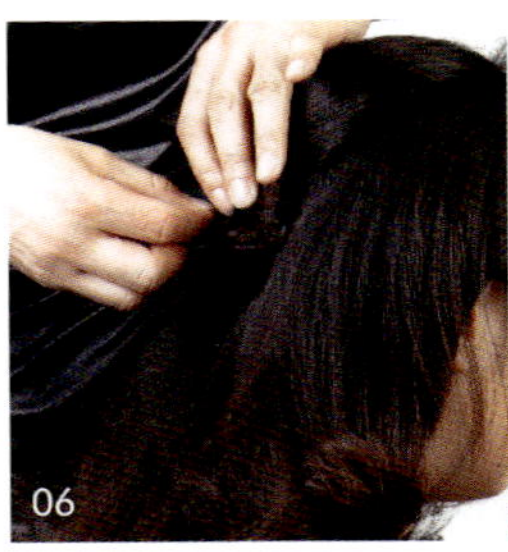

토대가 부실하기 때문에 보비핀으로 고정한다.

측면을 사선슬라이스하여 섹션에 백콤을 넣는다.

중심의 매듭보다 약간 높은 위치에 고정한다.

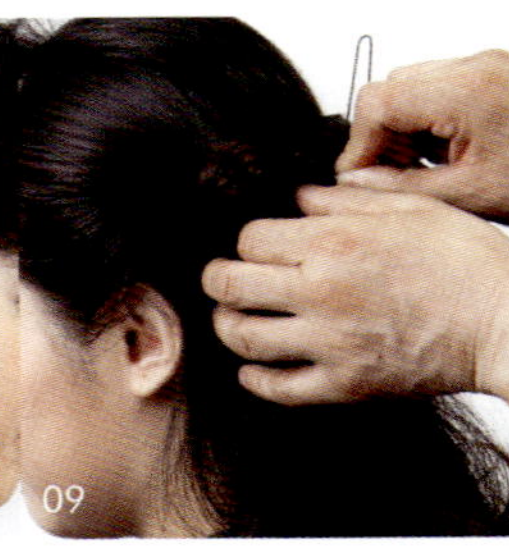

우측과 대칭되는 위치에 매듭을 둔다.

하단을 3단으로 나누어 모근에 백콤을 넣는다.

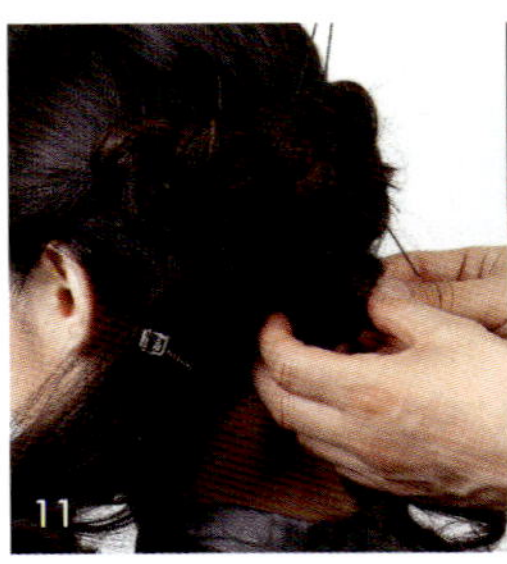

하단중앙의 네이프 라인에 맞춰 매듭을 둔다.

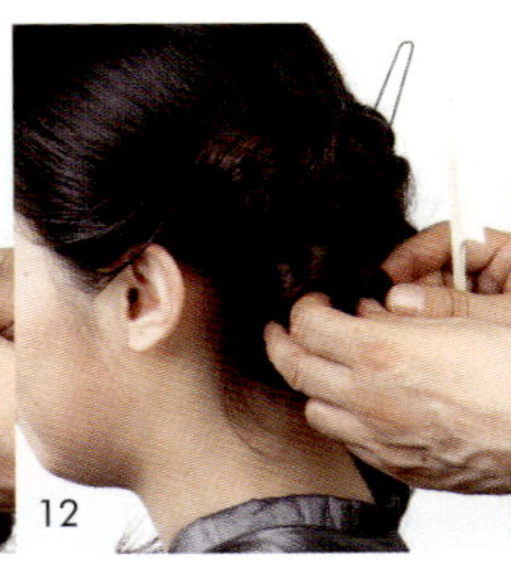

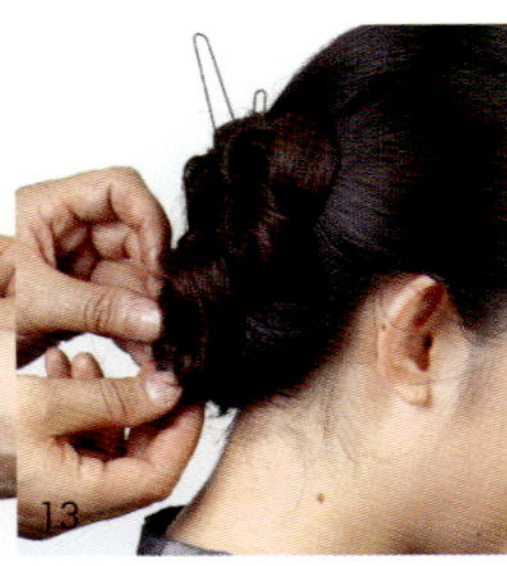

토대 볼륨이 없기 때문에 매듭의 위치가 낮아질 수 있다. 볼륨을 보완하기 위해 모근에 백콤을 넣어 매듭을 연출한다.

전체적인 밸런스를 조절한다.

프런트의 볼륨을 잡아 연출한다.

5. 교차(Overlap) 연출

섹션과 섹션, 면과 섹션, 면과 면의 교차의 특성을 살려 연출하는 방법으로, 업스타일은 헴 라인의 둘레보다 모발이 모이는 포인트 폭이 좁기 때문에 교차를 이루는 것이 일반적인 작업이다. 이러한 교차를 의도적으로 연출하여 나타나는 기하학적 선의 이미지를 면의 변화로 나타내고자 하는 연출이다. 업스타일은 필연적으로 교차(겹침)되면서 작업이 이루어지기 때문에 교차의 성격을 이해하고 응용력을 발휘한다면 다양한 디자인이 가능해진다.

▶ **단순 교차 :** 섹션과 섹션 간에 한번으로 교차가 끝나는 경우
▶ **반복 교차 :** 섹션과 섹션이 반복적으로 교차되는 경우
▶ **자유 교차 :** 특별한 형식을 취하지 않은 자연스런 흐름의 가닥과 가닥의 교차

단순 교차	반복 교차	자유 교차	포인트 교차

교차 기법은 위에서 아래로, 아래에서 위로 향하거나 측면에서 다른 한 점으로 향하면서 동일한 기법을 사용하여 연출할 수 있고 교차의 면적과 다른 표현 기법들과 혼합하여 다양한 스타일을 만들어낸다.

▶ **교차의 방향**

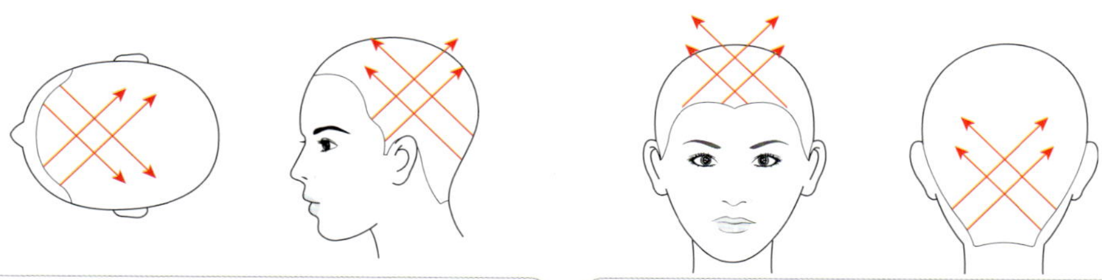

단순 교차	반복 교차

1) 상위 양감 스타일 – 단순 교차

넓은 면의 하드함과 단조로움을 해소할 목적으로 섹션을 잘게 나눠 상향 교차시킨다.
정중선에 나타나는 격자 라인은 샤프한 이미지를 더해준다.

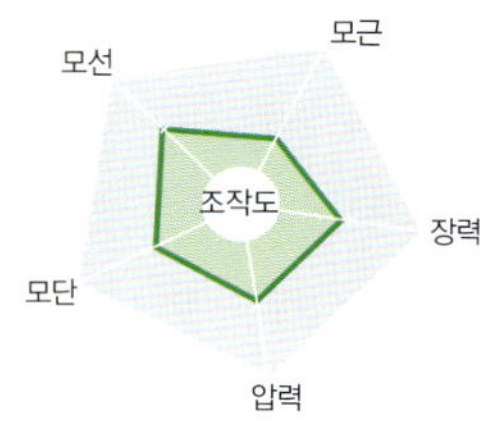

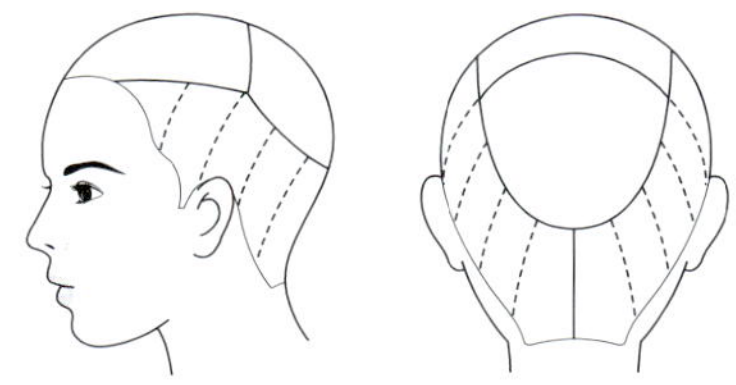

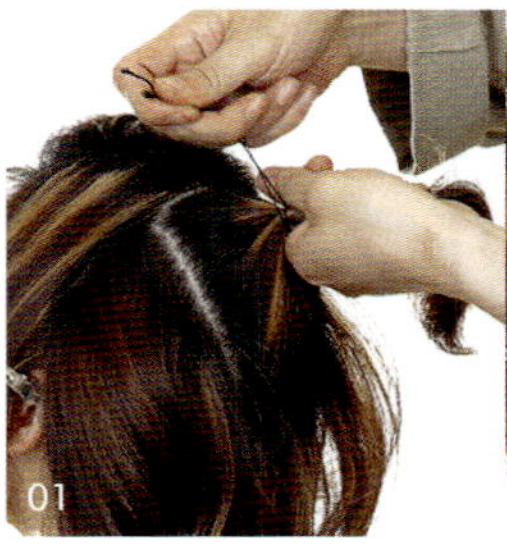

01 G.P를 지나 양 귀를 연결 시킨 선으로 전후를 나눈 다음 두정부에 삼각 토대를 잡아 묶는다.

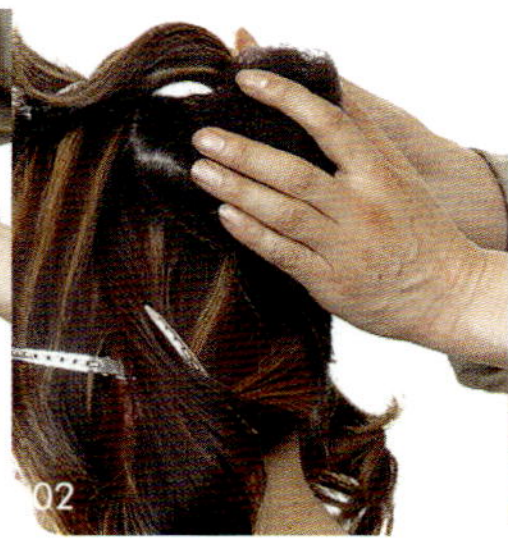

02 토대 위에 삼각형의 머릿솜을 움직이지 않게 고정하여 토대 볼륨을 잡는다.

03 좌측에서부터 사선 슬라이스 하여 섹션을 잡는다.

04 모선의 조작도를 6으로 하여 잡아 쉐이핑한다.

05 섹션의 고정은 토대 우측에 고정한다.

06 좌측과 동일하게 우측을 넘기면서 교차시킨다.

07 가장자리를 중심으로 왁스를 발라 잔머리를 정리한다.

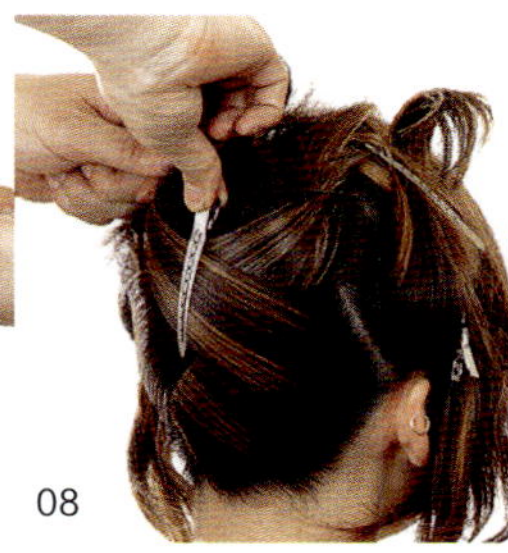

08 좌 · 우의 상호 교차 면에 클립으로 잡아 흐트러지지 않도록 한다.

09 볼륨이 필요한 부위에서는 백콤을 넣어 형태를 유지시킨다.

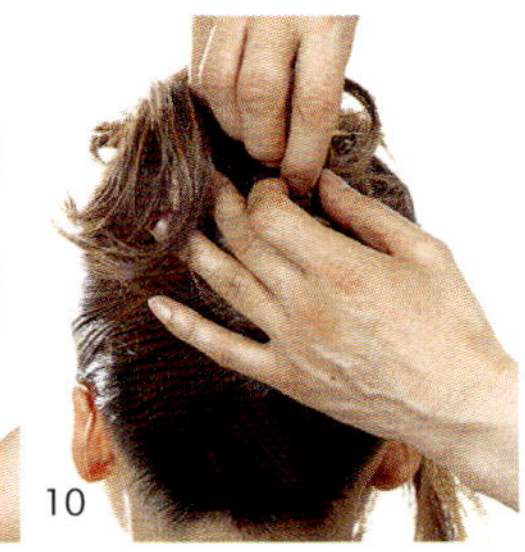

10 핀을 꽂을 때에 면의 고정이 끝날 때까지 손으로 받히는 것이 면의 흐트러짐을 방지한다.

11 T.P에서부터는 볼륨이 발생되어야 한다. 볼륨에 맞는 머릿솜을 고정한다.

12 모근에 백콤을 넣어 베이스볼륨을 잡는다.

13 프런트의 머리를 좌측으로 넘겨 빗살로 눌러 잡은 다음 다시 우측으로 꺾는다.

14 8자 형태를 그리며 G.P를 감싸듯하여 넓게 편다.

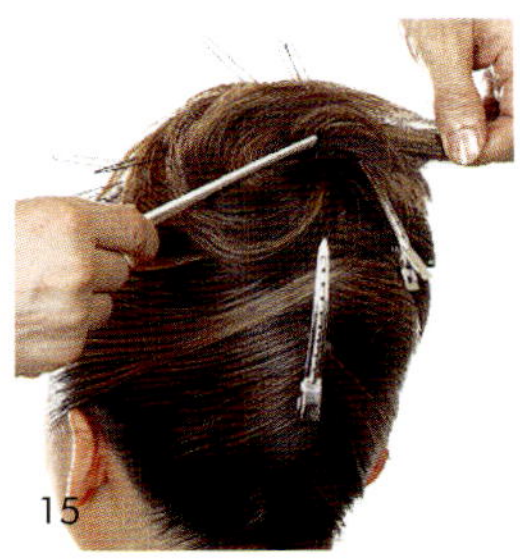

15 끝머리를 G.P에 와선을 잡아 마무리한다.

2) 하위 쪽 스타일 교차-1

업 스타일은 머리카락의 시작점에서 부터 끝나는 점까지의 직선과 곡선의 운동을 통하여 각각의 표정을 갖는다. N/P에 위치하여 모류가 한 점에 집중되는 실루엣은 쪽머리와 같으면서 직선의 반복 교차로 리듬감 있는 면을 표현하여 자칫 무겁고 처지기 쉬운 직선의 느낌을 동적인 느낌으로 표현하였다

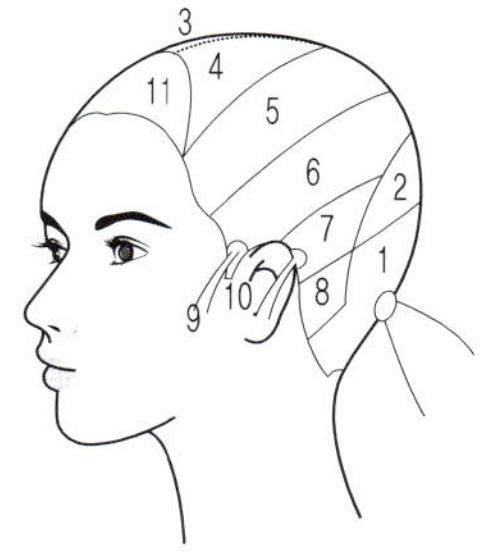

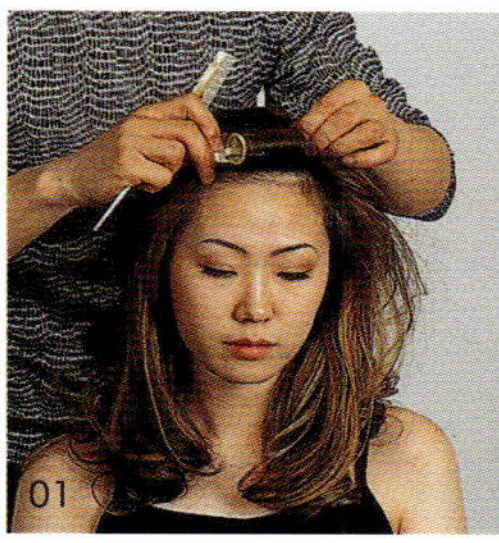

프런트를 전기세트로 말아 놓는다.

귀 뒤에서 G/P 2~3cm 뒤로 A 라인 파트로 나눈다.

측면의 실루엣을 보정하기 위해 백콤한다.

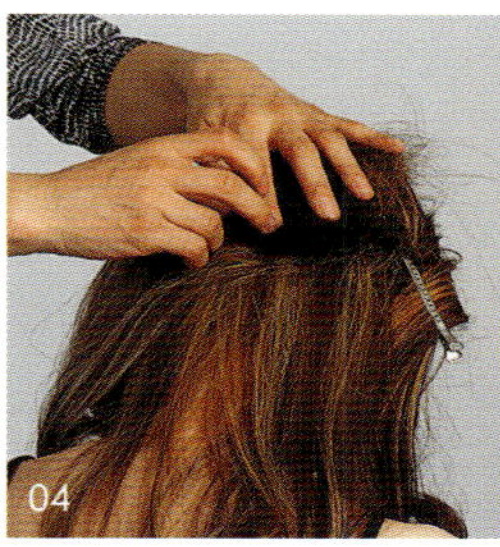

A라인 파트 속에 싱을 넣는다.

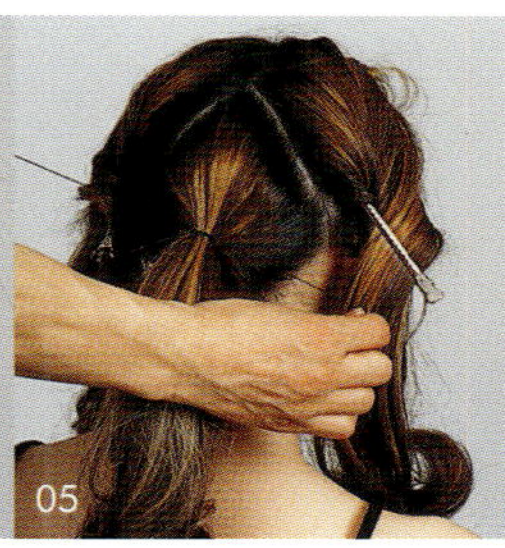

A라인 파트를 B/P에 하나로 묶는다.

꼬리빗을 집어 넣어 실루엣에 맞춰 당겨 빼 낸다.

슬라이스 각은 모류의 방향에 의해 가려질 수 있도록 삼각 파트한다.

잔머리가 일어나는 것을 방지하고 광택을 내기 위해 포마드를 바른다.

마무리 빗으로 세이핑하여 들뜨지 않도록 보비핀으로 고정한다.

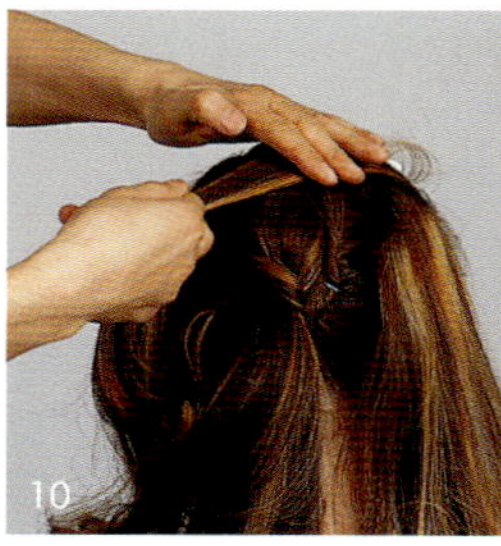

슬라이스 선이 들어나지 않도록
유의하여 교차시킨다.

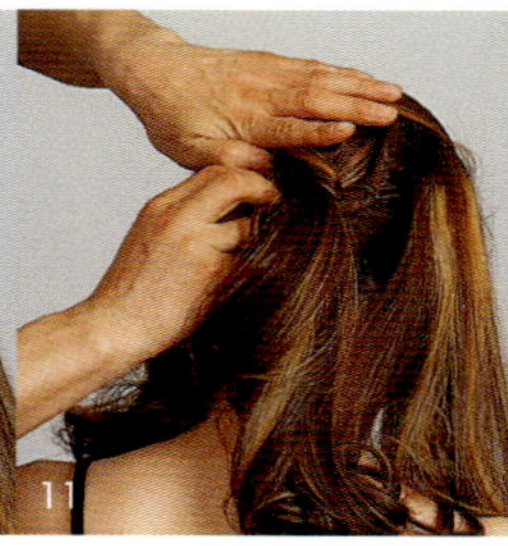

핀이 약하게 고정되면 형이
흐트러진다.

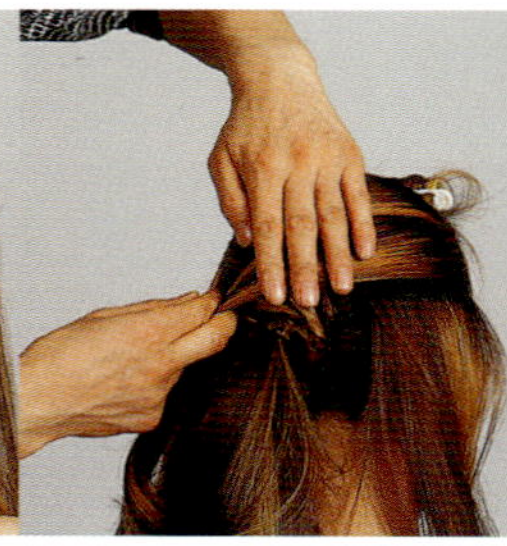
손바닥은 또 하나의 세이핑 도구로
쓰다듬듯이 하여 마지막의
세이핑은 손바닥을 사용한다.

면을 교차시키면서 사이가
벌어지지 않도록 클립으로 잡는다.

사진과 같이 구레나룻 부분과
귀 뒤에서 약간의 모발을 남긴다.

모두 교차시킨 후에 구레나룻의
남긴 머리를 포마드를 발라
갈라지지 않도록 한다.

왼손으로 탄력을 유지한 상태로
U 핀(소)으로 꺾어 고정한다.

같은 방법으로 갈매기형을
만들어 나간다.

느슨하지 않도록 고정하는 것이
주요 포인트이다.

U 핀을 꽂을 때는 텐션의 힘을 이용
하여 갈매기형이 만들어진다.

네이프시뇽을 남긴 상태에서
삼각베이스 싱을 넣는다.

매끈한 면과 광택을 얻고자 한다면
포마드 또는 왁스를 바른다.

가닥 자체로 싱을 가릴 수가 없기 때문에 백콤을 넣어 양감을 갖게 한다.

가닥이 교차되는 느낌을 갖도록
반대 편의 가장자리에서 가닥을
끌어 온다.

가닥의 마무리는 싱 밑으로
집어넣어 U 핀으로 고정시킨다.

3) 하위 쪽 스타일 교차-2

망(net)겹치기의 전형으로 겹침이 반복되어 그물과 같은 면의 질감을 나타낸다.
이는 땋는 머리의 응용이기도 하지만 특정 부위나 쪽에 응용될 수 있다.

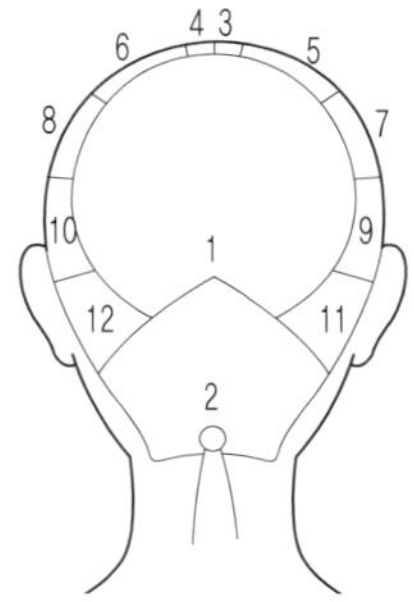

파트를 나누어 B/P부분에 백콤을 하여 볼륨이 표현되도록 한다.

심을 후두부의 부족한 볼륨을 보충할 목적으로 필요량만큼 넓고 얇게 펴서 고정한다.

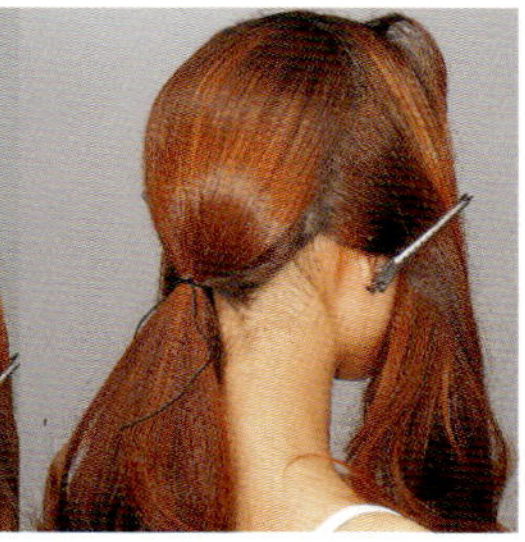

묶을 때 타이트하게 묶이지 않으면 핀을 꽂고나서 핀이 흔들려 스타일이 흐트러지는 원인이 된다.

정중선을 기준으로 다음 작업에 슬라이스 선이 드러나지 않는 각을 유지하며 섹션을 뜬다

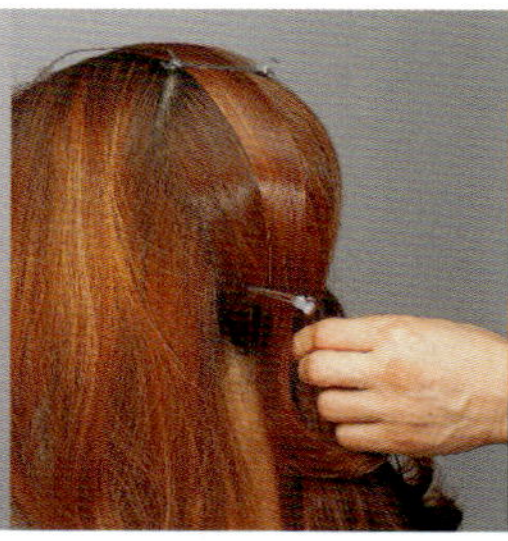

흐트러지지 않도록 주의하여 임시 고정한다.

반대 편을 전 섹션 위에 업한다.

매끈한 질감으로 표현하기 위해서 포마드를 바른다.

슬라이스 선이 가려지도록 포마드 브러시로 탄력 있게 세이핑한다.

탄력을 유지한 상태에서 좌측에서 넘어온 섹션을 위로 오게 한다.

섹션 가닥이 흘러내리지 않고 교차시킬 때 흐트러지지 않도록 클립으로 고정하면서 진행한다.

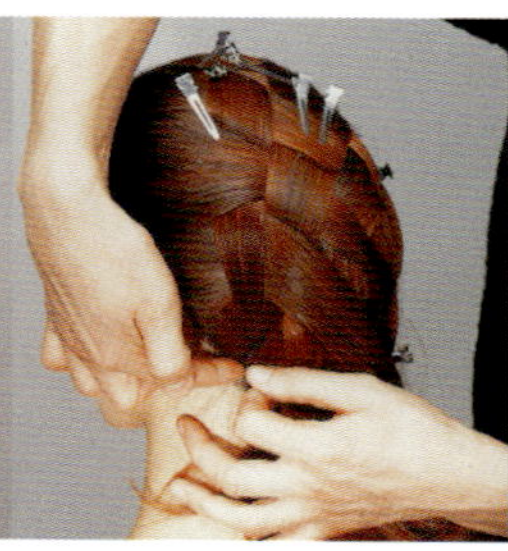

더 이상 교차면이 없는 섹션가닥은 보비핀으로 고정시킨다.

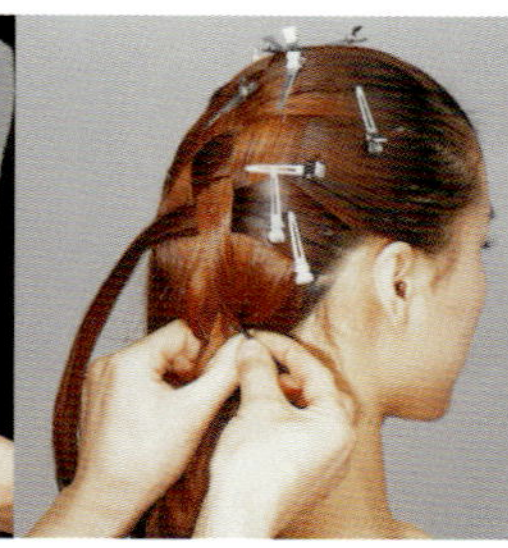

핀 고정이 약하면 교차된 면들이 흐트러지기 때문에 트위스트하여 튼튼하게 고정한다.

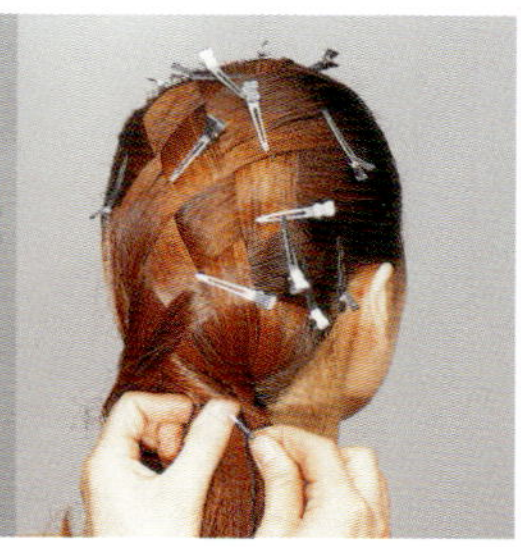

핀이 튼튼하게 고정하기 위해서는 모류의 진행 방향을 바꿔 힘의 진행을 차단시킨다.

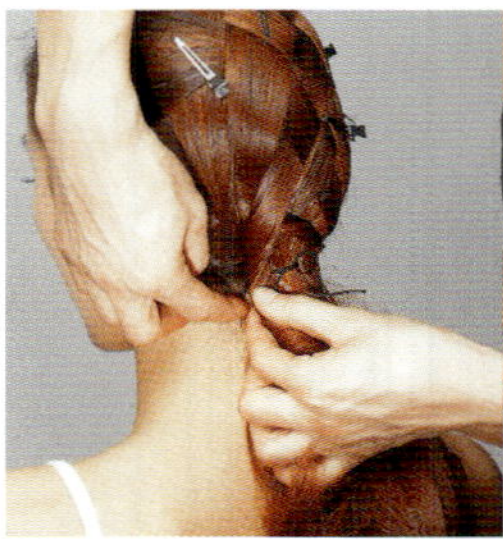

보비핀을 꽂고 나서 고정력이 떨어질 때에는 U(소)핀으로 보비핀을 고정한다는 기분으로 꽂는다.

나머지 모발에 포마드를 발라 빗질한다.

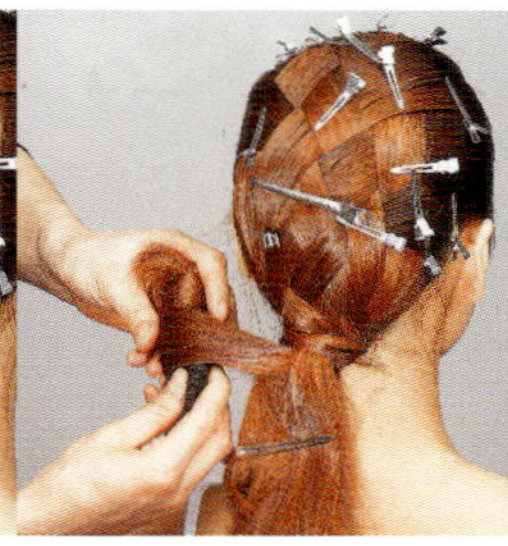

막대형 싱을 집어 넣어 나선형으로 면이 느슨해지지 않도록 만다.

조형의 밸런스를 고려하여 좌측에 위치시킨다.

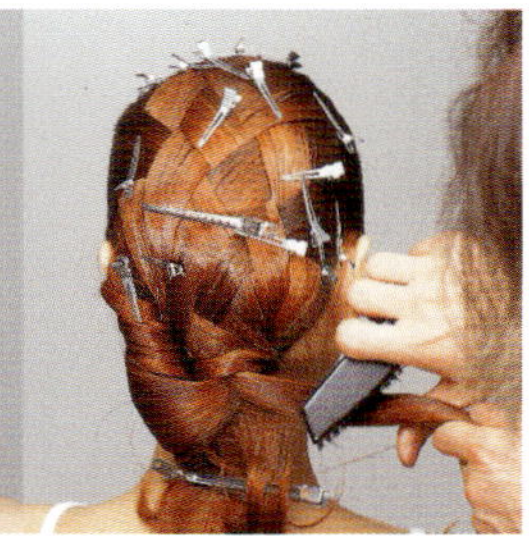

동일한 방법으로 우측을 진행한다.

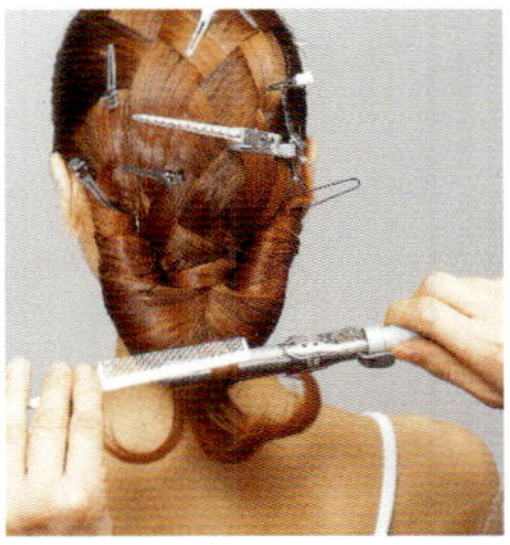

아이롱으로 말아 컬을 얻는다.

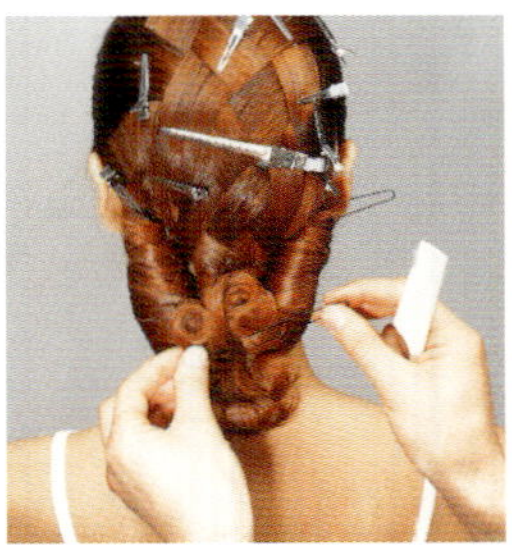

링 포인트 시뇽으로 연출하여 마무리 짓는다.

4) 상위 반복 교차

격자무늬의 반복 교차로 후두부 좌우 교차 스타일에서 발전(응용)된 방식이다.
머릿솜을 올려 베이스 볼륨을 잡고, 측면의 섹션을 잘게 나눠 반복 교차시키면서 덮듯이 걸어 올린다.

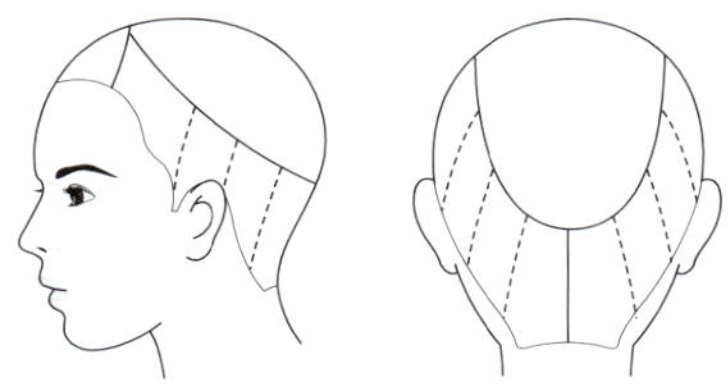

BEFORE

그림과 같은 토대블록은
끝머리 활용을 예상한 것이다.

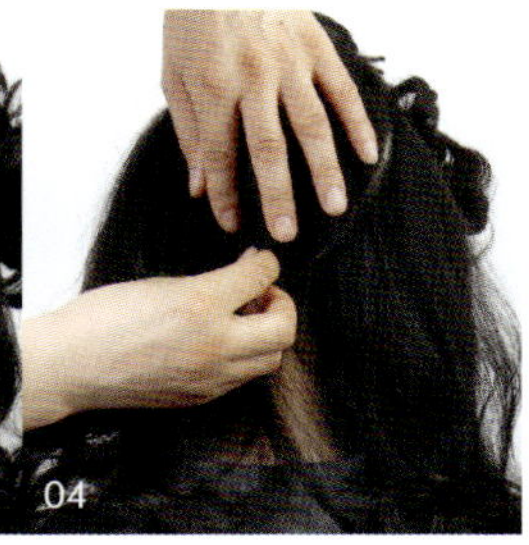

삼각 머릿솜을 후두부에 움직임 없게 고정한다.

사선 슬라이스하여
일정한 폭으로 섹션을 나눈다.

왁스로 잔머리를 정리하여 걷어
올린 후 클립으로 잡는다.

위로 지나갈 좌측 가닥을 예측하여
그 자리에 핀으로 고정한다.

좌측 가닥을 우측으로
넘겨 클립으로 고정한다.

새로운 우측 가닥이 지나갈
자리에 핀으로 고정한다.

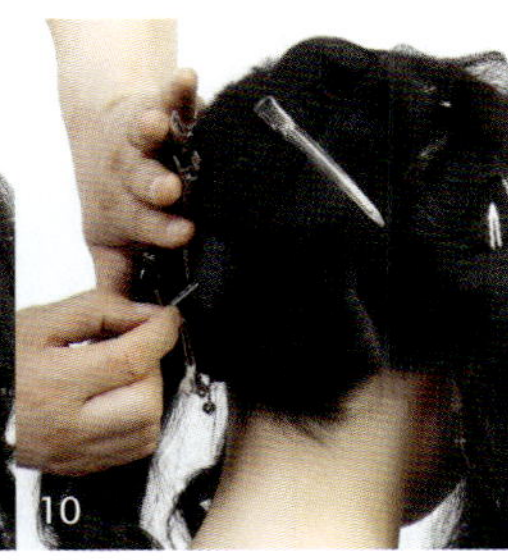

다른 가닥이 물리지 않게 핀으로
고정한다.

가닥과 가닥은 한 번씩 교차되면서 이루어지기 때문에 처음 가닥은
제치고 두 번째 가닥 위로 올려 고정한다.

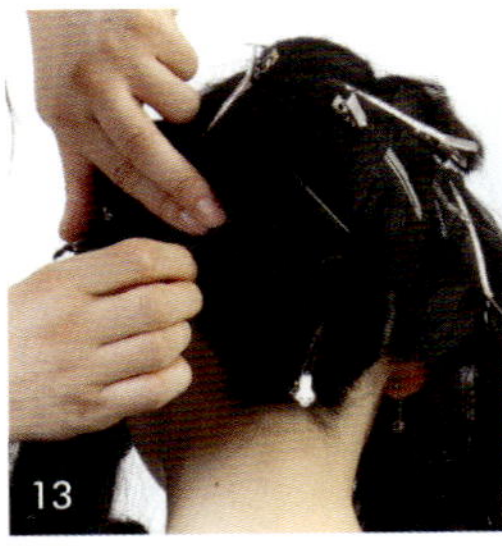

13 제쳐 놓은 가닥을 다시 걷어 올려 고정한다.

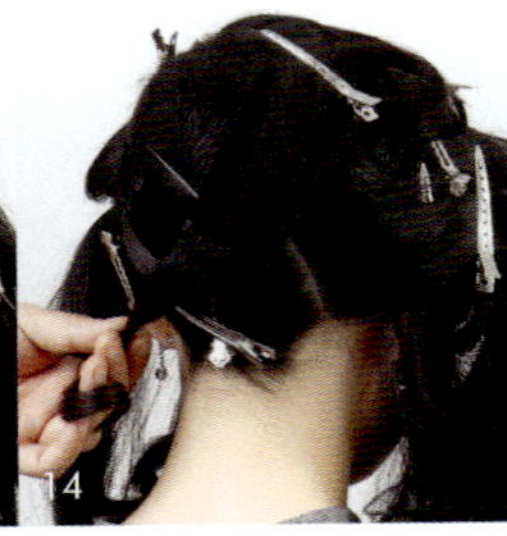

14 좌측에서 올라왔던 가닥을 제쳐 놓는다.

15 핀 자리는 다음 가닥이 지나면서 노출되지 않는 위치에 잡는다.

16 떨어뜨린 가닥은 다음 가닥이 지나갈 자리에 핀으로 고정한다.

17

18

19

모든 가닥은 홀짝홀짝 교차되면서 이루어지고 가닥 밑에 놓이는 가닥은 핀이 보이지 않도록 꽂는다.

20 양 사이드까지 교차한다.

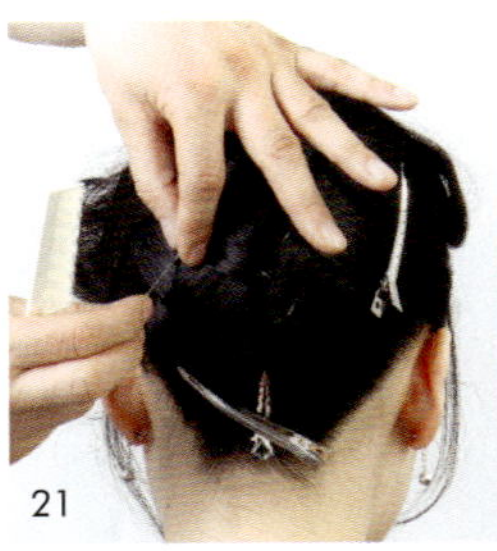

21 보이는 핀은 반대로 밀어 빼낸다.

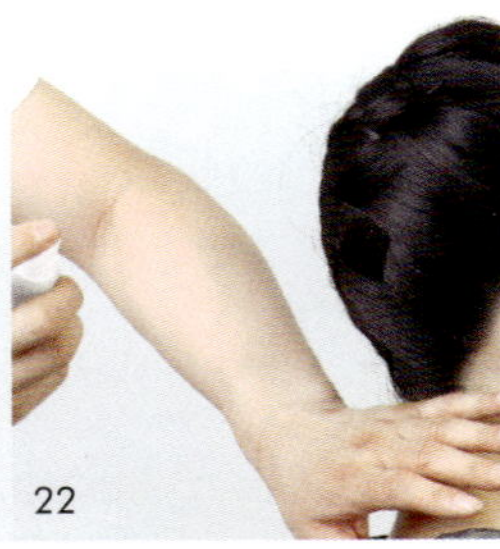

22 전체 교차가 끝나면 스프레이한다.

23 프런트는 낮은 조작도의 모선으로 'C' 컬로 연출한다.

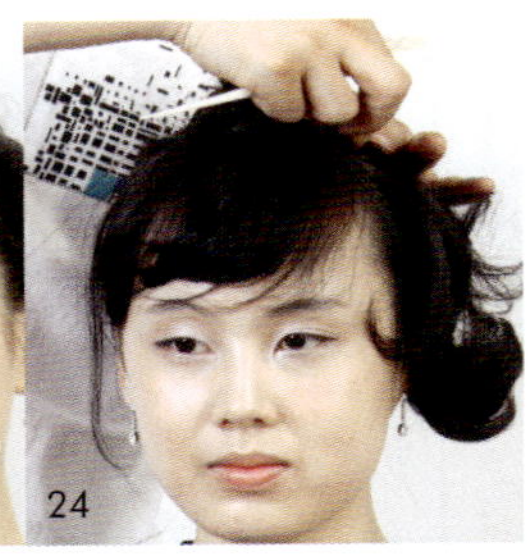

24 포인트를 좌측으로 넘겨 핀으로 고정한다.

25 머릿솜을 올려 백콤을 넣으면서 우측으로 떨어뜨린다.

26 측면의 볼륨을 감안한 각을 잡아 모근 백콤을 넣는다.

27 빗꼬리로 가닥을 나눠가며 모속의 질감을 잡아 연출한다.

28 모속을 잡아 U핀으로 임시 고정하고 스프레이한다.

6. 컬과 웨이브

1) 컬 연출

끝머리가 소프트하고 풍성한 컬의 느낌으로 연출되는 방법으로, 여유로움과 여성스런 이미지를 나타낸다.

(1) 컬 연출의 모발조건

- 롱헤어는 모발의 무게에 의해 컬이 쌓이면서 눌릴 수 있다. 묶고나서 10~15cm전후의 길이가 적당하다.
- 모량이 적으면 풍성한 느낌이 없다.
- 층이 없으면 컬의 폭이 좁아 풍성한 느낌을 만들지 못한다.
- 세팅은 가늘게 와인딩하지 않는다. 컬이 늘어지지 않도록 가능한 굵은 아이론세팅을 한다.
- 브러시는 빗살이 길고 딱딱한 브러시를 사용하고 쿠션 브러시나 빗살이 너무 많은 브러시는 사용하지 않는다.

빗살을 깊이 넣어
엉킴이 없게 가지런히
정리한다.

모근에 근접하여 빗살로 찍듯이 꺾어 젖힌다.
검지는 빗살 밖으로 모발이 빠져나가지 않게 잡으며
힘껏 누르지는 않는다.

머리끝을 가지런히 하여
넘겨 잡는다.

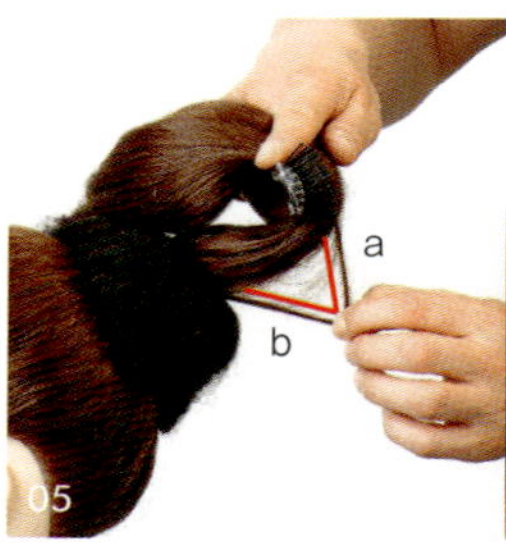

가닥을 엄지와 검지를 작게 벌려
손톱으로 가닥을 잡아 뺀다.
a와 b를 동시에 뺀다.

좌우로 이동하여 빼면서
떨어뜨린다.

손톱으로 가닥을 당기면서
빗도 맞당겨 뺀다.

브러시에 걸린 모발의 텐션은
끝날때까지 흐트러지지
않도록 한다.

브러시를 점점 위로 이동하면서
모속감 있는 가닥을 뺀다.

가닥 빼기가 끝난 상태로 컬에 대한
보정 작업에 들어간다.

(2) 컬의 보정작업

불완전한 컬의 형태를 수정 보완하는 방법으로 가로의 컬을 S의 형태로 변형시켜 보완한다. 이와 같은 보완의 원리는 웨이브 연출의 원리와 비슷하다. 컬의 형태가 약하거나 뻗은 상태라면 웨이브형태로 보완한다.

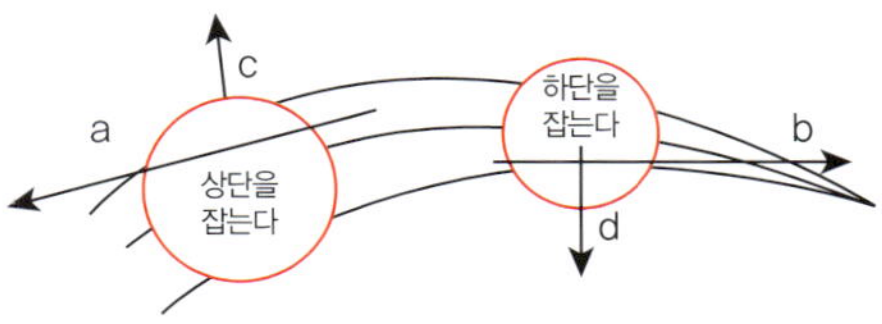

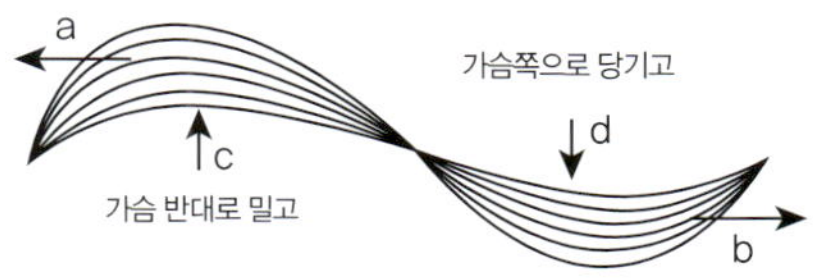

a와 b는 좌우로 틀듯이 이동하며 c와 d는 전후로 밀고 당기듯이 이동한다.
a, b, c, d의 힘은 동시에 발생한다.

01 체크 부위의 컬이 불분명하다라고 할 경우 S컬로 보정한다.

02 양손의 엄지와 검지로 V자로 잡는다.

03, 04 왼손은 상단, 오른손은 하단을 잡아 서로 맞찢듯이 하면서 전후로 이동한다.

05 맞찢듯이 하여야 컬이 본래 상태로 돌아가지 않는다. S자 형태에서 스프레이하여 마무리한다.

(3) 내추럴 컬 잡기

가볍게 떨어뜨린 모발의 질감과 컬을 잡는 방법으로 웨이브 보정의 방법과 비슷하다.

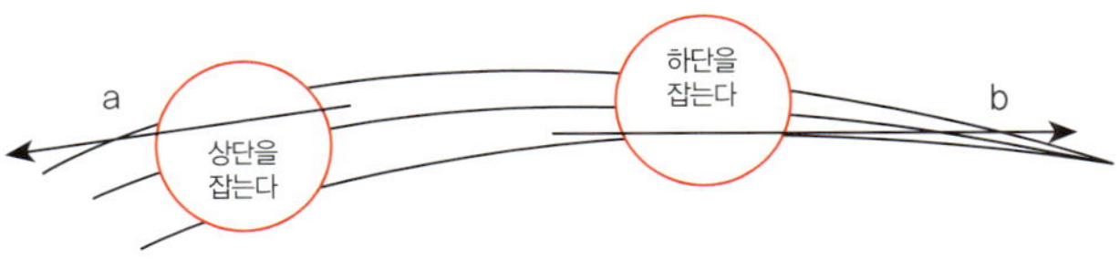

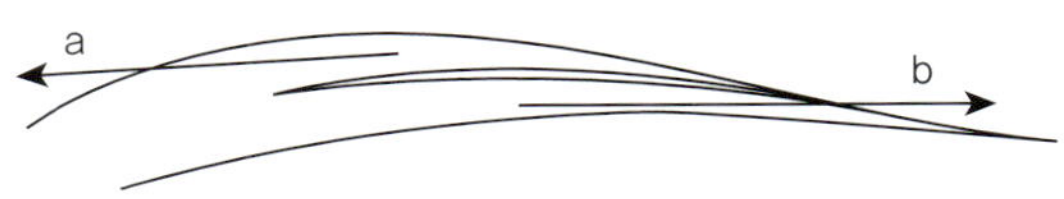

컬 보정과 같은 자세에서 좌 · 우로 당겨 늘려 모속감을 나타낸다.
끝자락 b는 손가락이 회전하듯이 빠져나오면서 모속감을 잡는다.
업스타일은 맞찢듯하여 레이어를 잡아 모속감을 연출한다. 커트의 라인신닝(Line Thinning)의 성격과 유사하다.

01, 02 떨어뜨린 가닥을 엄지와 검지로 왼손은 상단, 오른손은 하단을 잡고 맞당긴다.

03, 04 떨어뜨릴 위치에서 들리지 않게 하고 손목을 회전하여 끝머리의 모속감을 나타낸다.

05 손목을 회전시켜 컬을 잡는다.

– 동일한 동작에 의한 연출스타일 (예)

2) 컬 스타일

부드러운 컬의 질감이 여성스러운 이미지와 포근함을 나타낸다.
포인트의 크기와 배열을 달리하여 다양한 형태로 연출할 수 있다.

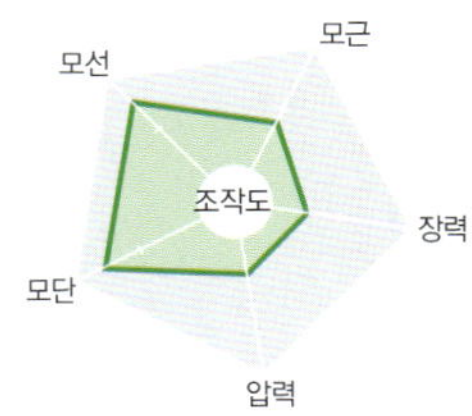

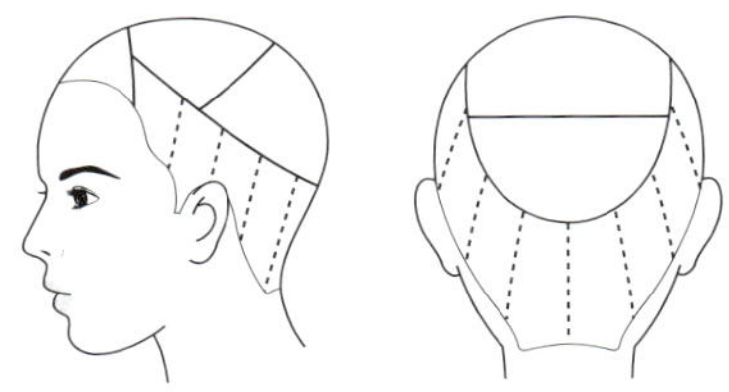

BEFORE

정중선을 따라 4~5cm의
폭으로 블록을 나눈다.

정중선을 따라 2~3단으로
나누어 토대를 만든다.

84쪽 순행 180도꼬기 참조

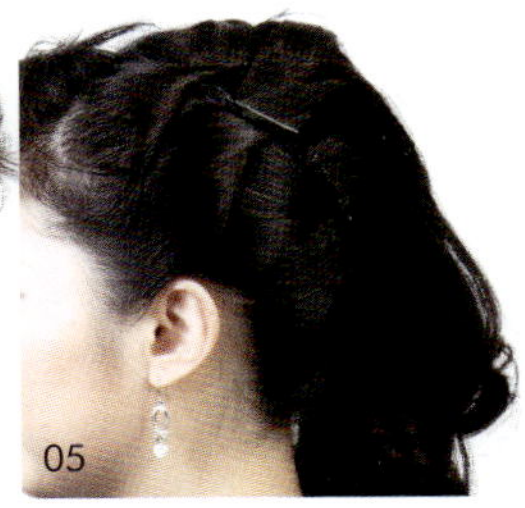

프런트의 질감을 잡아
올백으로 연출한다.

묶음 주위를 중심으로 머릿솜을
올려 베이스 볼륨을 잡는다.

하단에서부터
가닥빼기를 진행한다.

중간 섹션을 잡아 빗살에 끼워
가닥빼기를 진행한다.

진행하는 과정에
스프레이를 한다.

핀으로 모근을 감아 말듯하여 길이를 조절하고
형을 잡는다.

컬 보정으로 보완하면서 스프레이로 고정한다.

페이스 라인의 잔머리는
리버스 컬로 연출한다.

3) 입체 웨이브 연출

(1) 평면 입체 웨이브

머릿결의 흐트러짐 없이 좌우로 이동하면서 C컬을 나타내는 웨이브를 평면 웨이브라 하고, 입체 웨이브는 방향 이동하면서 섹션을 뒤집어 반복적으로 전개시킴으로써 요철을 나타내는 웨이브를 말한다. 밋밋한 웨이브에 비하여 역동적이다.

01

02

03

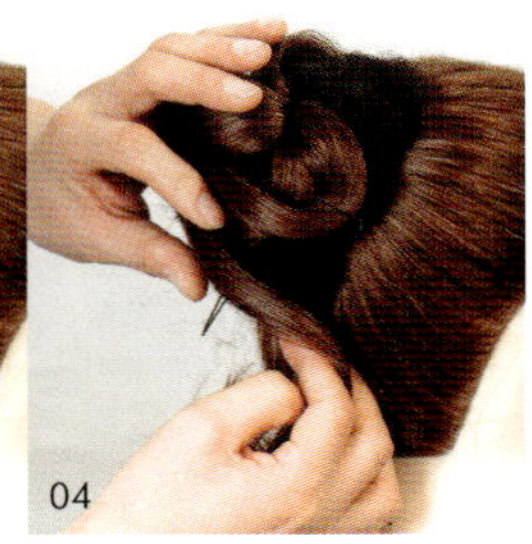
04

양 엄지와 검지 사이에 섹션을 끼워 잡는다.

왼손으로 잡고 오른손 섹션을 뒤집어 반대로 끌고 넘어간다.

U핀으로 고정하여 뒤집어 넘긴다.

05

06

07

08

왼손으로 비벼 당기면서 오른쪽으로 당긴다.

좌우 방향이 바뀔 때 뒤집어 넘기면서 반복되는 형식이다.

08-09. 웨이브가 잡히고 나면 다시 좌우 릿지를 잡아 면 넓히기를 하여 입체적인 질감을 잡는다.

09

완성된 입체 웨이브.

(2) 하위 시뇽(쪽) 패턴 – 입체 웨이브

네이프에 놓이는 하위 시뇽 패턴으로 단아한 신부이미지에 적합한 웨이브 뱅으로 사랑스런 여성의 아름다움을 연출한다. 평면 웨이브에 비하여 입체 웨이브는 비트 있는 리듬감으로 젊음을 더해주고 하위의 무게감을 해소할 수 있다.

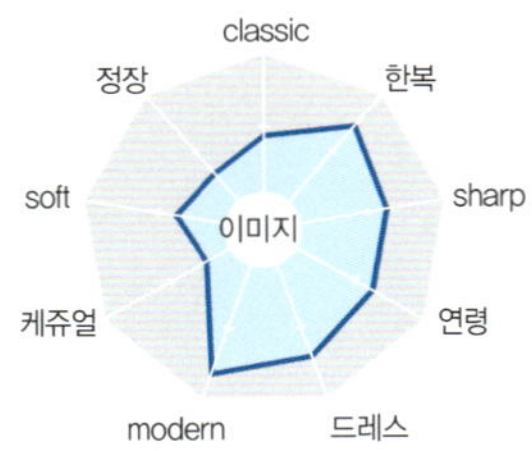

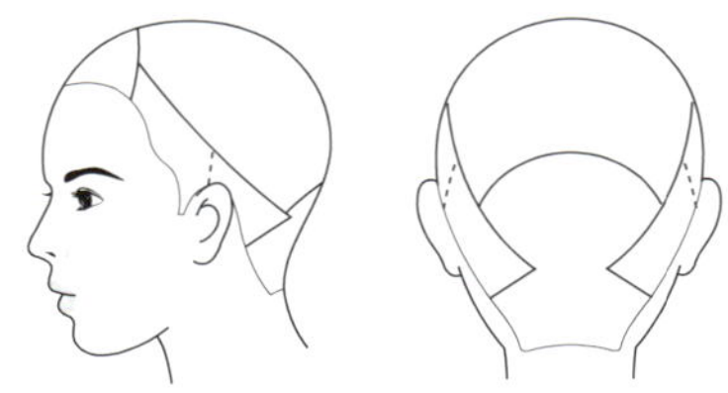

BEFORE

하위 업스타일의 쪽패턴으로 두정부를 나누고 B.S.C.P에서 측면과 후두부로 나누고 N.P에서 네이프를 묶는다.

두정부 면의 백콤을 넣은 다음 빗꼬리로 베이스볼륨을 잡고 브러싱하여 B.P에 묶는다.
〈227쪽 두정부 면의 연출 참조〉

사이드와 프런트를 나누고 사이드를 브러싱하여 결을 잡은 다음 빗살로 눌러 곡선을 유도한다.

연출하고자 하는 웨이브 흐름을 사이드를 포함하여 연출할 필요는 없다. 프런트의 머리로 웨이브를 연출하고 측면은 묶음에 고정한다.

세팅, 아이론으로 롤의 형태를 잡은 후 클립으로 릿지를 잡아 연출한다.

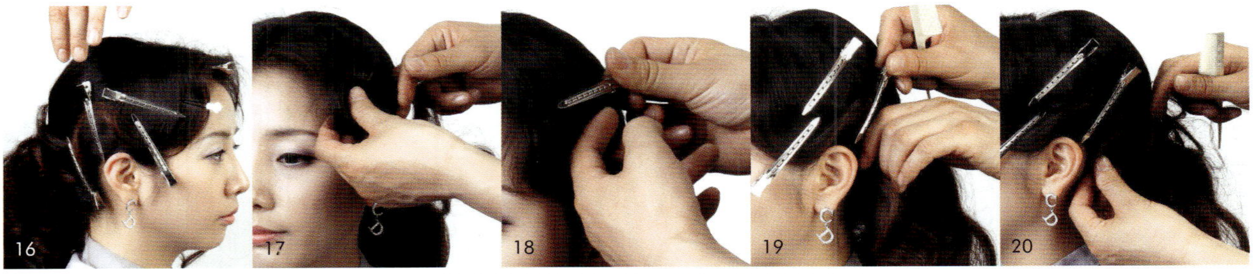

웨이브를 묶음까지 연결시켜 연출한다.

릿지를 잡기 위해서는 컬의 탄력이 있어야 한다. 뱅을 계산하여 클립으로 릿지를 잡아나간다.
강한 릿지를 표현하기 위해 입체 웨이브를 연출하여 네이프와 연결시킨다.

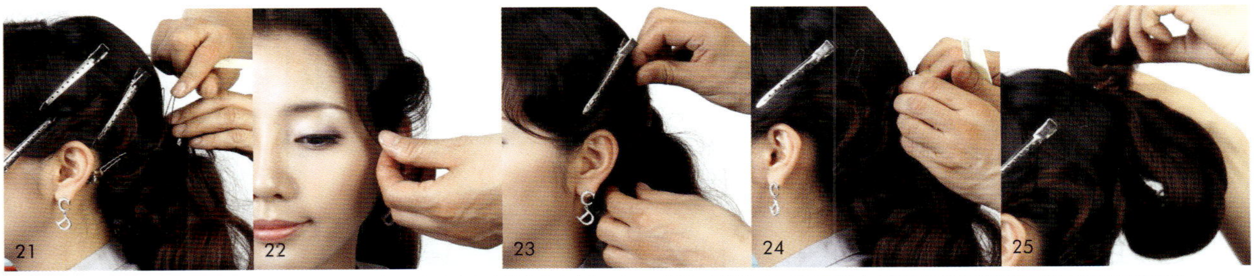

후두부에 U핀 고정하고 면 넓히기로 뱅을 연출한다. 웨이브감을 살리기 위해 넓게 펴면서 U핀으로 임시 고정하여 스프레이를 한다. 묶음다발을 걷어 올려 포인트 연출에 들어간다.

포인트의 크기에 맞게 삼각 머릿솜을 부착한다.

웨이브의 흐트러짐을 방지하기 위해 면 백콤을 넣는다.

섹션을 두 손가락 사이에 끼워 잡아 서로 비틀듯이 찢어 오른손 손가락을 180도 뒤집는다.
잡힌 릿지를 U핀으로 임시 고정한다.

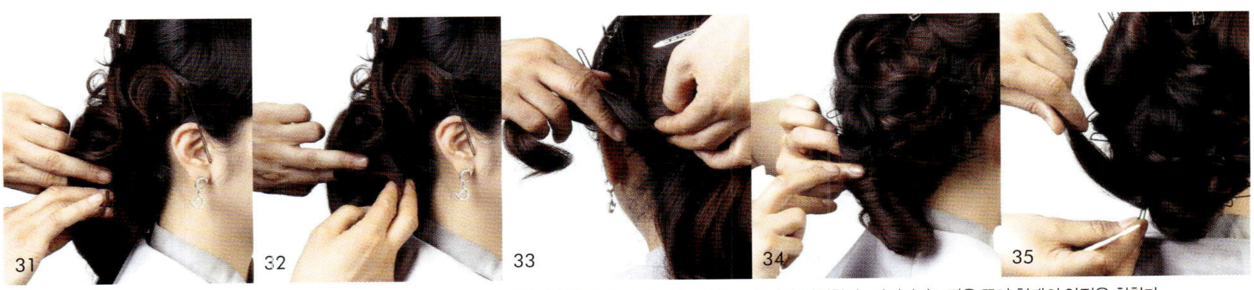

양손가락의 엄지와 검지로 잡아 오른손 손가락으로 180도 회전을 반복하면서 입체 웨이브를 만든다.

크게 세가닥으로 나누어 배열과 위치를 잡아 진행한다. 릿지마다 U핀을 꽂아 형태의 안정을 취한다.

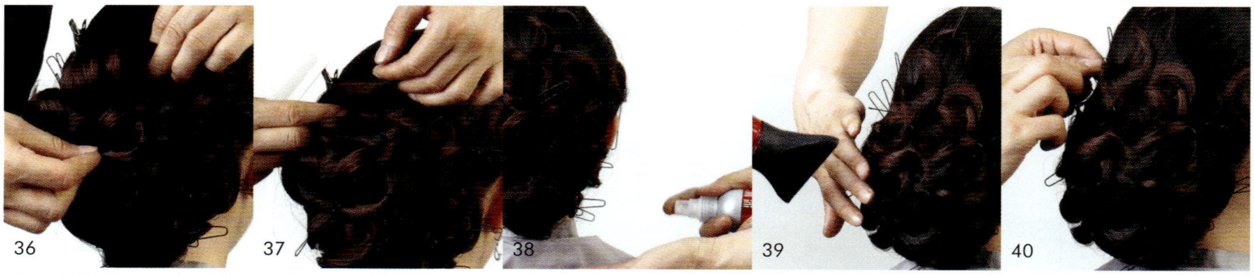

마지막 가닥은 상단으로 유도하여 포인트의 크기를 갖춘다.

완성된 상태에서 하드 스프레이를 한 후에 드라이 열을 쐬어 형태를 고정한다.
U핀을 제거한 다음 갈고리핀으로 대신하여 고정시킨다.

4) 세로 웨이브

일반적인 평면 웨이브를 측면으로 세워 웨이브를 만들어 고정하는 방법으로 섹션의 배열과 칼라를 통하여 화려하고 우아한 이미지를 나타낸다. 웨이브의 기본 원리는 같으나 세워서 안정감 있게 배열하는 것이 포인트이다. 평면 웨이브와 달리 백콤을 넣어 찢듯이 웨이브를 만드는 것으로, 웨이브 연출의 기본방법을 이해하고 깔끔하게 결을 만들어 스타일의 완성도를 높인다.

01
모근이 쓰러지지 않도록 튼튼한 모근 백콤을 넣는다.

02
모발이 흐트러지지 않게 두께감 없는 면 백콤을 넣는다.

03
앞뒷면의 백콤을 정리한다.

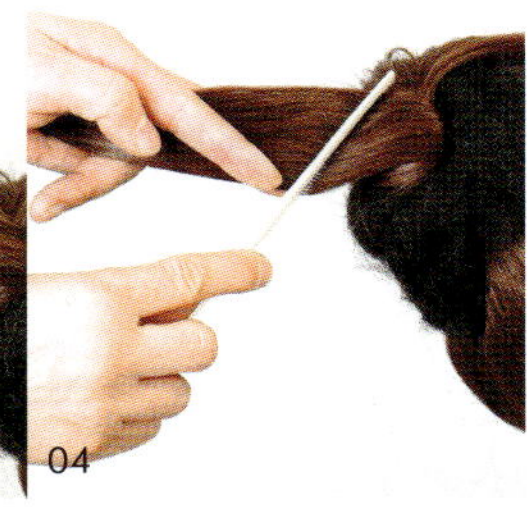
04
섹션에 45도의 빗살 각을 잡고 손가락은 V자가 되도록 잡는다.

05
빗과 손가락을 서로 반대편으로 맞당긴다.

06
빗의 섹션이 180도 라인에 놓일 만큼 강하게 맞당긴다.

07
머리의 흐름이 C컬로 나타난다.

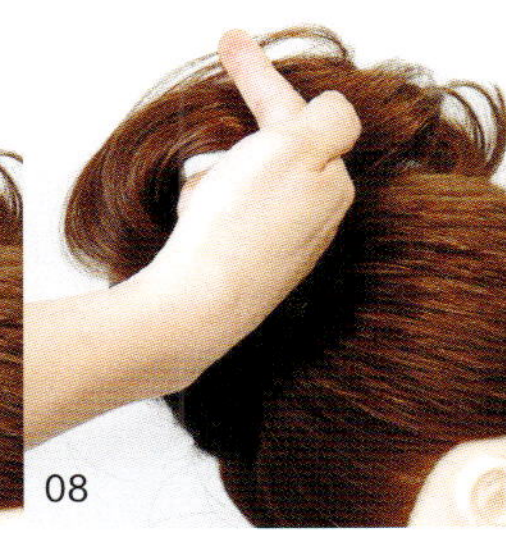
08

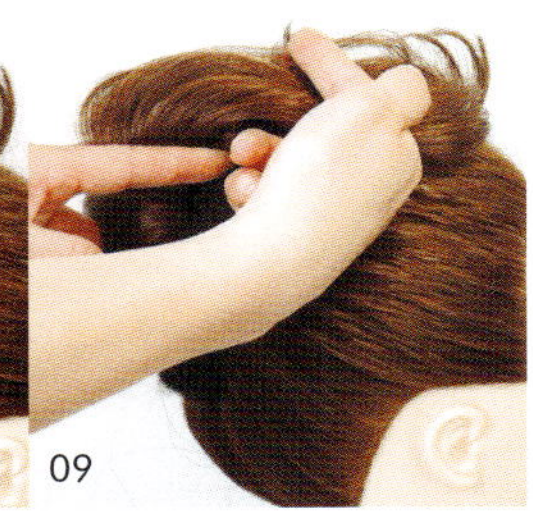
09
손을 바꿔 잡고 모근에 손가락이 닿도록 잡는다.

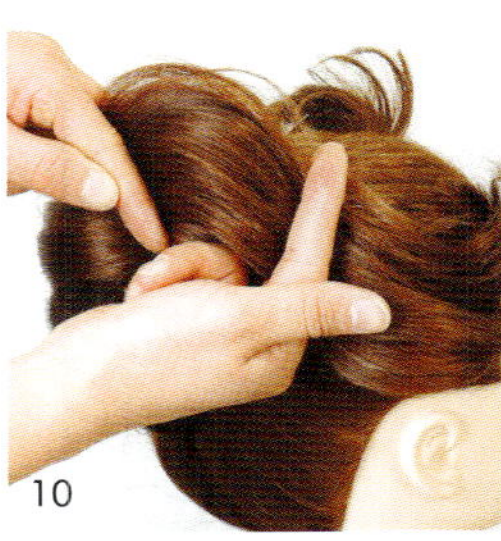
10
두피에 손가락을 세우는 느낌으로 섹션을 이동시킨다.

11
손가락을 이동시켜 원하는 위치에 놓을 수 있어야 한다.

12
U핀을 반만 찔러 모근을 세워 잡는다.

13
측면으로 세워진 패널 상태.

14 모근에 근접하여 섹션을 잡는다.

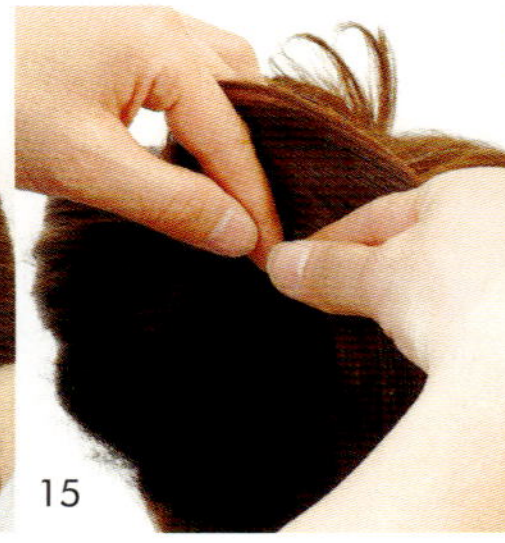
15 V자 패널을 잡는다.

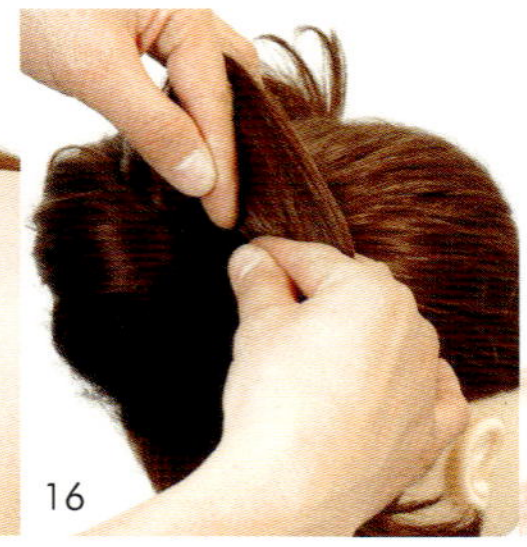
16 왼손 손가락은 상단, 오른손 손가락은 하단을 담당한다.

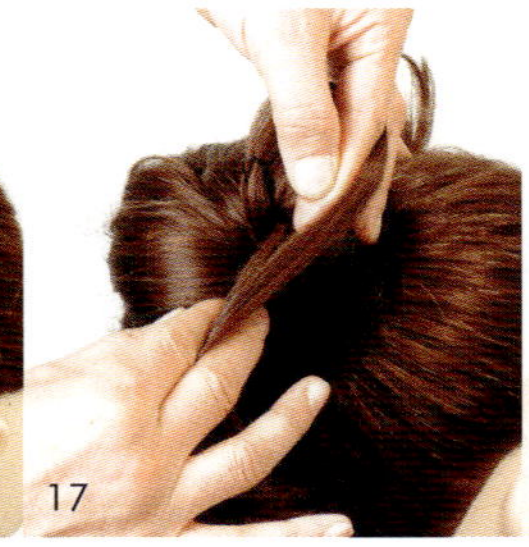
17 패널을 상단과 하단으로 가로로 당기고 찢듯이 밀고 당긴다.

18 손의 엇갈림을 크게 하여 웨이브를 나타낸다.

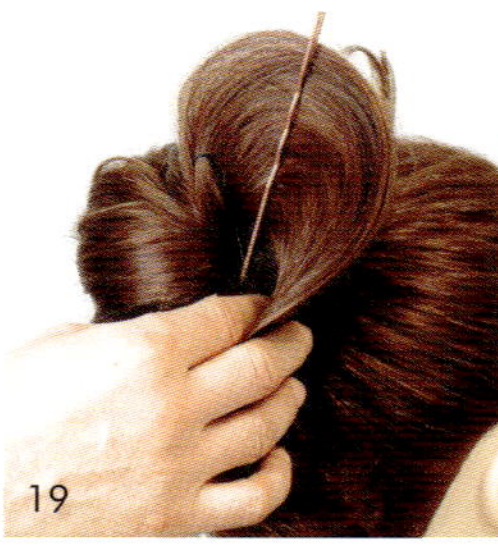
19 오른손을 떼고 상단에 U핀을 꽂아 잡는다.

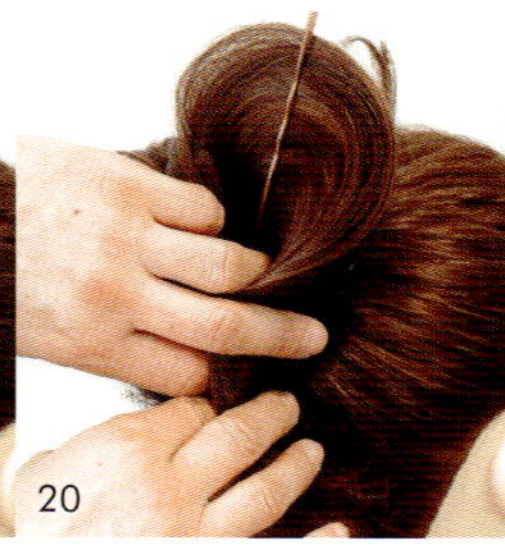
20 오른손 위치에서 왼손으로 바꿔 잡는다.

21 방향이 바뀌는 릿지에 U핀을 임시 고정한다.

22 왼손으로 잡고 끝머리를 깔끔하게 정리한다.

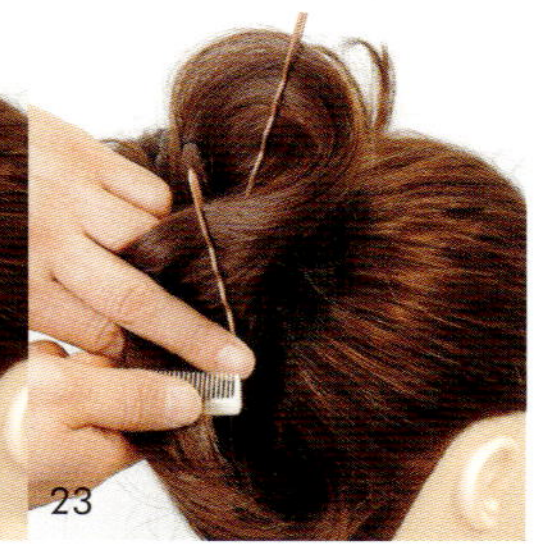
23 끝머리를 빗에 걸어 잡는다.

24 빗을 회전하듯이 돌리면서 빗는다.

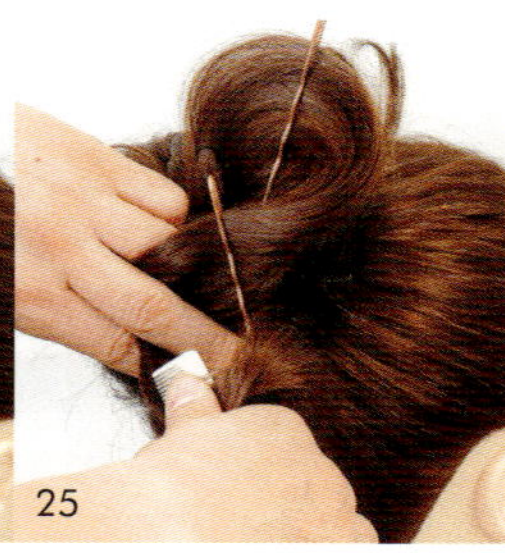
25 빗살을 중심축으로 빗꼬리가 위를 향하도록 한다.

26 빗은 회오리 바람처럼 회전되면서 빠져나온다.

27 손목을 돌려 빗꼬리가 수직으로 빠지면서 동그란 모양을 나타낸다.

28 오른손 손가락으로 바깥쪽을 잡는다.

29 왼손 손가락은 안쪽을 잡아 당긴다.

30 회전하듯이 당기면 뱅이 강조된다.

31

32

33

7. 롤(Roll)

업스타일에서 가장 많이 사용되는 동작은 롤을 연출하는 동작이다. 롤 연출 동작은 롤의 연출에만 사용되는 것이 아니라 같은 동작으로 롤이 아닌 스타일도 만들어 낸다. 롤의 연출은 손가락의 사용과 롤에 미치는 힘의 중심을 잡아 핀이 꽂히는 위치를 알아내는 것이 중요하다.

1) 롤의 동작

○ 오른편에서 왼편으로 말리는 롤 연출의 자세

왼쪽의 모발을 오른쪽으로 말아 넣을 때 기본 손동작이다.

벌린 중지 사이로 섹션을 당기듯이 중지로 잡는다. 중지가 축이다.

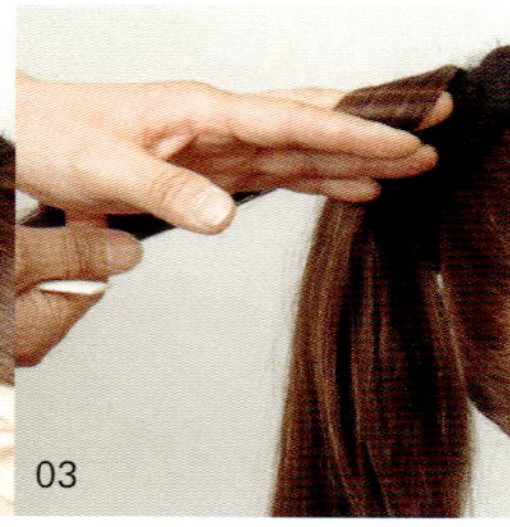

꺾을 때는 손가락을 꺾지 않고 손목을 사용하여 손가락이 회전되게 한다.

면에 닿기 직전 검지를 접고 손가락 오른편을 두피에 밀착시킨다.

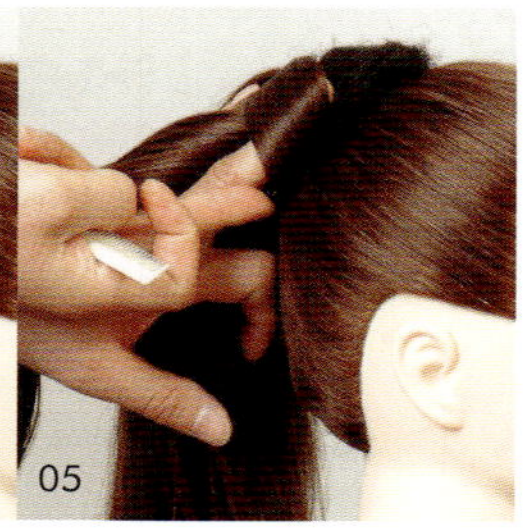

보비핀을 사용하여 바르게 꽂기로 손가락의 우측면에 꽂는다.

○ 왼편에서 오른편으로 말리는 롤 연출의 자세

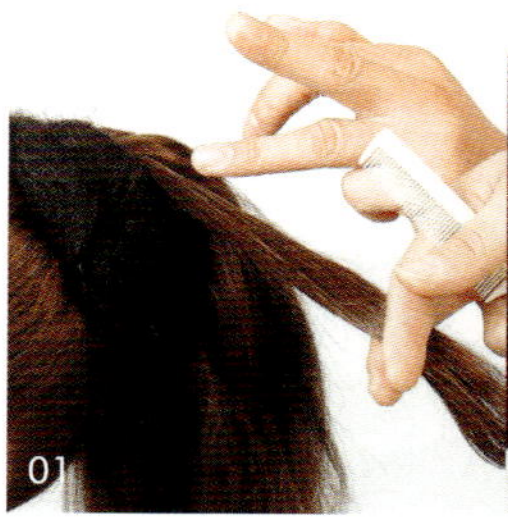

오른쪽의 모발을 왼쪽으로 말아넣을 때의 손동작이다.

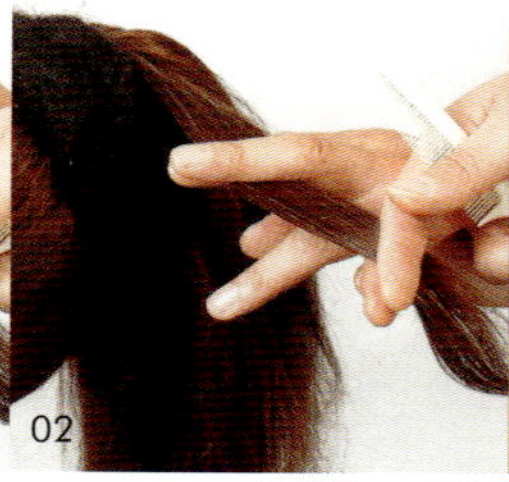

벌린 중지 사이로 섹션을 넣어 검지가 당기듯이 잡는다. 검지가 축이다.

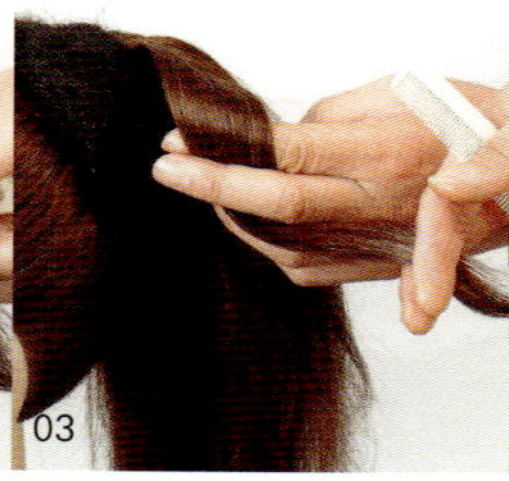

손가락을 회전하면 롤의 형이 잡히지 않고 꼬기가 된다. 손목을 돌려 면을 향한다.

중지가 접히면서 힘의 축을 검지에 유지하면서 면에 밀착시킨다.

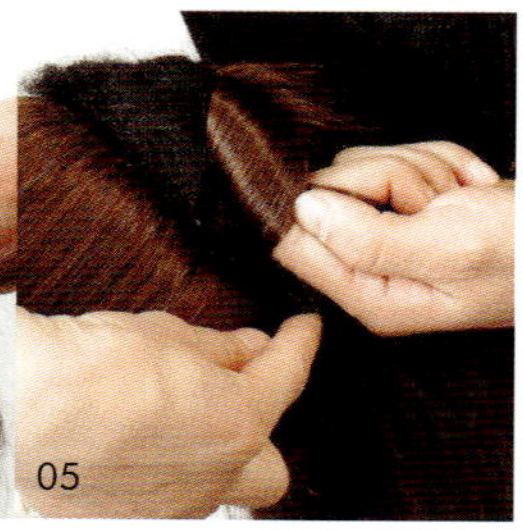

롤이 놓이는 위치에 따라 몸의 자세는 다를 수 있다. 보비핀을 사용하여 밀착시킨다.

배열(일자 배열과 포인트 배열)
스타일에 따라 놓이는 위치나 배열이 같을 수 없다.
디자이너의 판단에 따라 연출성격에 맞는 배열을 한다.

일자 배열

포인트 배열

– 동일한 동작에 의한 연출스타일 (예)

2) 하위 양감 롤의 응용스타일

단순롤 기법에서 꺾기의 동작이 가미된 연출기법으로 반복되는 롤의 배열을 고려한 것이다.
두정부의 면과 측면을 연출하는 전형적인 하위 양감 패턴으로 여성스러움과 로맨틱한 분위기를 자아낸다.

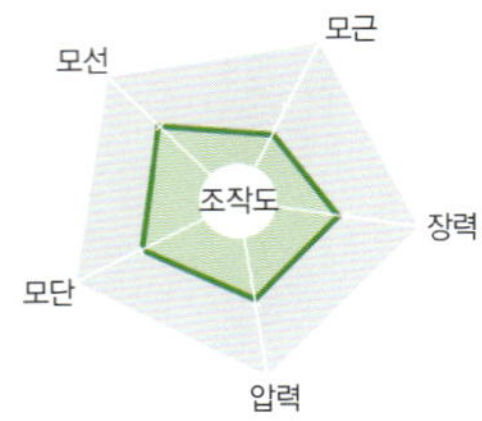

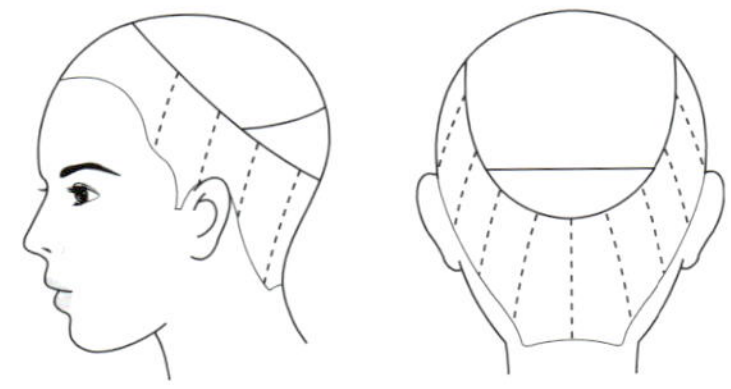

〈블로킹〉 프런트를 남기고 내측의 영역을 네이프에 근접한 삼각형으로 잡는다.

B.P 아래로 삼각베이스를 잡아 백콤을 넣는다.

손가락에 감아 돌린 후, 두피에 밀착 고정하여 토대를 만든다.

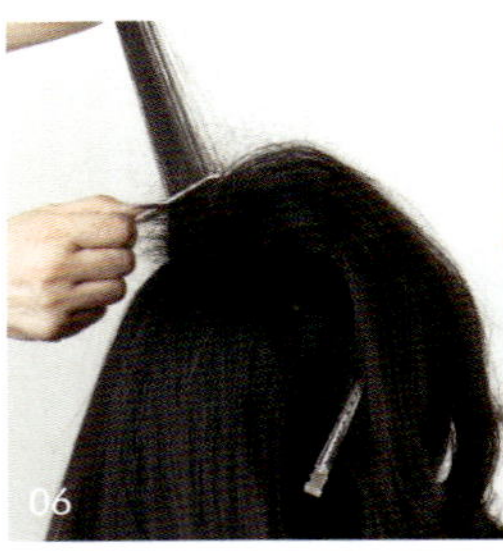

〈두정부의 면 연출〉 내측 영역의 두정부 전체에 백콤을 넣는다.

면을 정리하여 B.P에서 잡는다.

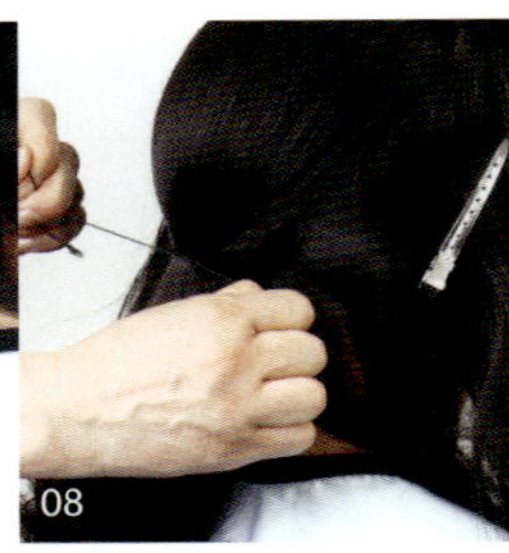

끈밴드로 묶은 다음 묶은 매듭의 고무줄과 모근이 들뜨지 않게 핀으로 연결시킨다.

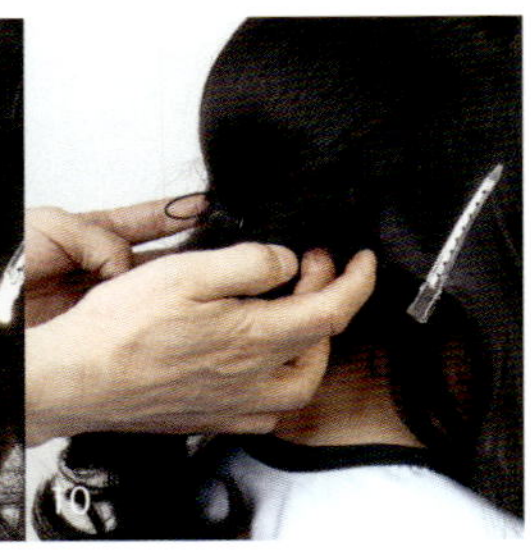

묶음 밑과 네이프 라인에 맞춰 머릿솜을 올린다.

섹션에 왁스를 발라 잔모발을 정리한다.

오른손으로 섹션을 정리하여 잡은 후 왼손 검지와 중지에 끼워 회전시켜 고정한다.

슬라이스는 최소 45도 이상을 유지한다.

엄지와 검지에 단순장력을 유지하며 잡는다.

16 오른손 가닥 힘의 축을 위로 당기는 동시에 손목을 회전시킨다.

17 나머지 손가락은 빠져 나오고 검지는 두피를 향해 섹션을 누른다.

18 핀은 모발이 빠져 나오는 쪽에서 하나만 꽂는다.

19 머리끝을 빼는 것은 꺾기 기법의 응용이다.

20 백 사이드 볼륨을 고려하여 모근 백콤을 넣는다.

21 섹션의 각을 낮춰 면을 정리한 다음 빗꼬리를 받쳐 볼륨을 잡는다.

22 빗꼬리를 받치고 나서는 자연장력으로 꺾는다.

23 백 사이드의 볼륨, 형태, 질감을 확인하며 우측면을 마무리 한다.

24

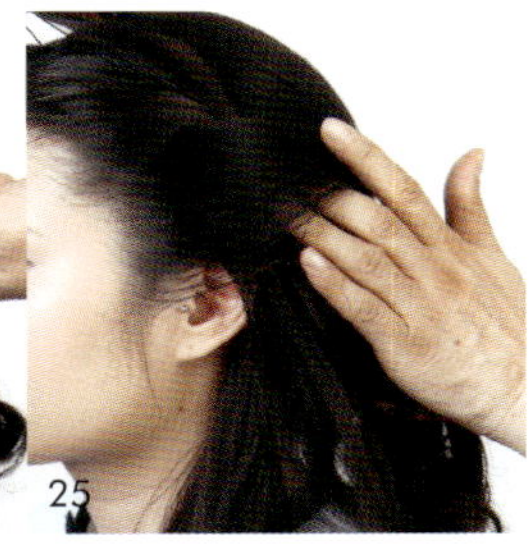

25 우측과 같은 방법이지만 좌우 손의 역할이 바뀐다. 섹션을 잡아 손가락에 끼운 다음 끝을 위로 올려 손목을 회전시킨다.

26 백 사이드에서는 백콤을 넣어 볼륨을 잡아 롤을 연출한다.

27 좌우 사이드가 끝난 상태에서 끝머리를 정리한다.

28

29 끝머리를 루즈한 두 가닥 새끼꼬기로 백 사이드까지 진행한다.

30 면을 넓혀 고정시킨다.

31 좌측 끝머리 역시 두가닥꼬기를 한 다음 면을 넓혀 고정한다.

32 가닥들을 서로 교차시켜 가며 U핀으로 임시 고정하여 진행한다.

33

34 많은 끝머리는 가닥을 땋거나 꼬아서 펼치는 방법이 효율적이다.

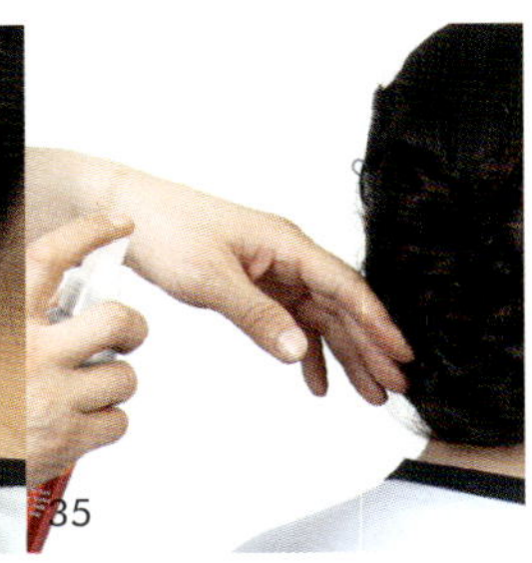

35 임시 고정된 상태에 스프레이 후 드라이 열로 고정시킨다.

8. 내추럴 업스타일

1) 내추럴 러프 (Natural Rough)

○ 러프 연출의 사전작업

의도한 디자인에 따라 모근의 흐름을 잡는 것이 스타일링의 첫 번째 작업으로 짧은 머리일수록 모근의 성질이 스타일에 크게 관여한다. 백콤이 없는 내추럴 타입의 업스타일에서는 의도한 디자인에 맞게 모근의 방향을바로 잡지 않으면 모근이 쓰러져 볼륨 연출이 어려워진다. 따라서 본래의 방향성질을 없애고 의도한 컨트롤이 될 수 있는 사전 작업이 필요하다.

○ 내추럴 스타일을 위한 사전 작업

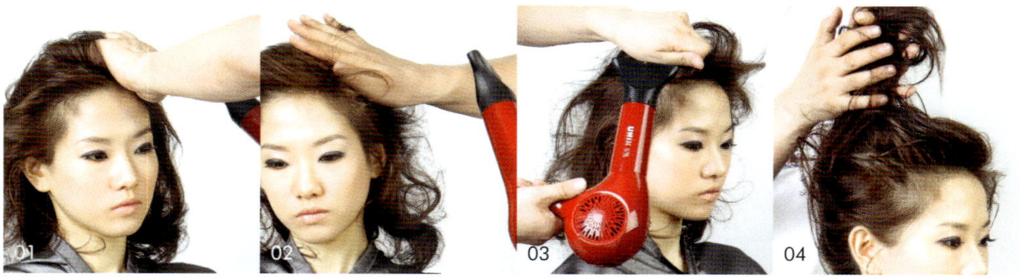

01 도근에 손가락을 넣어 열을 쐬면서 뿌리를 세운다.

02 모근에 열을 쐰 다음 단순압력으로 두피를 손바닥으로 눌러 비빈다.

03 원하는 볼륨의 위치에서 모발을 움켜쥐듯 열을 식힌다. (scrunch dry)

04 로션과 왁스를 소량 믹스하여 전체 바른다.

○ 내추럴 올백 연출

01 손가락으로 프런트의 머리를 긁듯이 뒤로 빗는다.

02 좌우손가락을 교차시킨다.

03 교차 부위를 잡고 프런트의 가닥을 빼어 볼륨과 질감을 잡는다.

04 교차 부위를 핀으로 고정한다.

○ 러프 측면 연출

01 손가락으로 빗듯이 걷어 올린다.

02 왼손 검지를 두피에 밀착하고 손바닥으로 받친다.

03–04 검지를 두피에서 떼지 않는 느낌으로 손목을 회전시키면서 꼬집듯이 가닥을 잡아 핀을 고정한다.

검지로 면을 쓸어 올린 다음 손목을 자연스럽게 회전하여
잡힌 가닥을 고정한다. 일반 업스타일에서 깔끔하게
면을 브러싱하며 이와 같은 방법으로 면을 연출하기도 한다.

왼쪽은 손의 역할이 바뀐 상태에서 우측과 동일한 원리로 연출한다.
섹션의 상단을 깔끔하게 정리하려 애쓰지 않는다.

러프 백콤 연출

세팅상태에 따라 질감이 달리 나타나지만 러프 양감 백콤은 질감 중에서 가장 거친 질감을 만들어낸다.

깔끔하게 정리할 필요 없이
하나로 포인트 끝머리를 잡는다.

대빗을 이용하여 스텝을 크게
잡아 양감 백콤을 넣는다.

찢듯이 섹션의 텐션과 빗살 끝의
모발을 가른다.

처음부터 섹션의 텐션을 흐트러지지 않게 끝까지 유지하며 백콤을 넣는다.

러프 포인트의 고정

길이가 있는 모발에서는 백콤을 넣어도 쳐지게 된다. 이와 같은 모발은 U핀으로 고정한다.

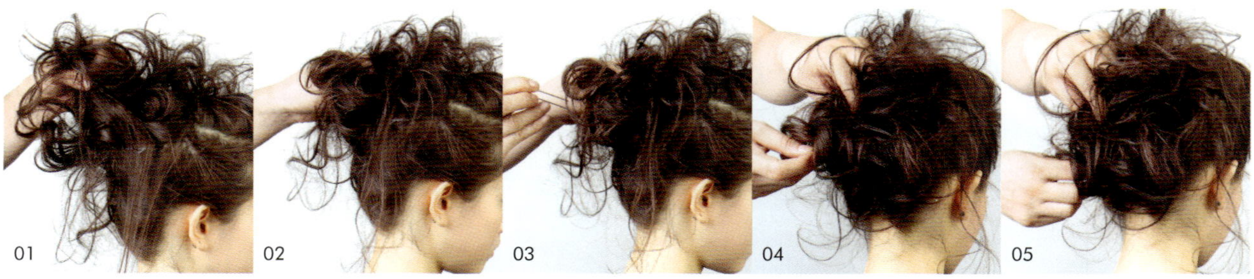

내측 영역의 가장자리 모발을
떨어뜨린다.

길이가 있는 모발은 손가락으로
접듯이 하여 길이를 조절하여
잡는다.

U핀을 위에서 아래로 모발을 걸어 찌른 다음 아래에서 위로 꺾고 다시 두피를 향하여 누르면서 핀을 밀어
고정한다.

러프 질감의 연출

러프 백콤에서 질감은 결정되었다. 질감과 형태를 보완하고 심리적 영향에 미치는 요소를 담는다. 내추럴은 젊음과 이상적인 조화이기 때문에 심리적 조작성을 고려하여 지면으로 떨어지게 유도하며 연출한다.

01
126쪽 내추럴 질감 표현과 동일한 방법으로 상하로 찢듯이 질감을 잡는다.

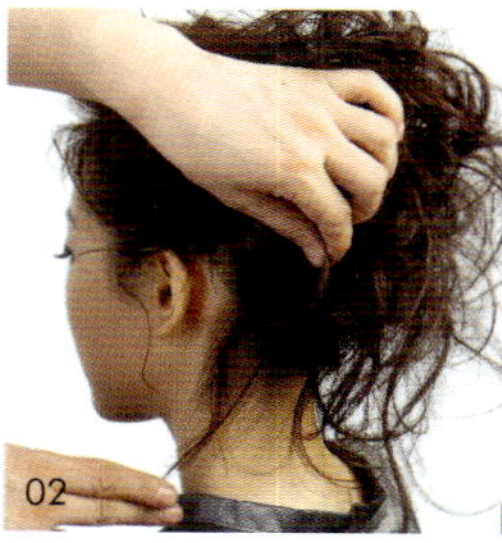
02
떨어지는 모발에 목선으로 뭉치지 않게 찢기를 하면서 모속감을 연출한다.

03

04
이미 결정된 모발을 빼내고자 할 때에는 빗꼬리로 가닥을 나누고 고정된 위치까지 밀고 들어가 면이 흐트러지지 않게 압박하고 걷어낸다.

05
전체적인 형을 잡아 마무리한다.

2) 소프트 올백 스타일 (Soft all back style)

모근의 조작성이 높은 올백 타입은 당당하고 자신감 있는 긍정적인 이미지를 갖지만 연령이 강하게 느껴질 수 있다. 이러한 단점을 보완하는 목적으로 내추럴한 모속과 촉촉한 질감으로 젊은 이미지를 강조하여 연출한다.

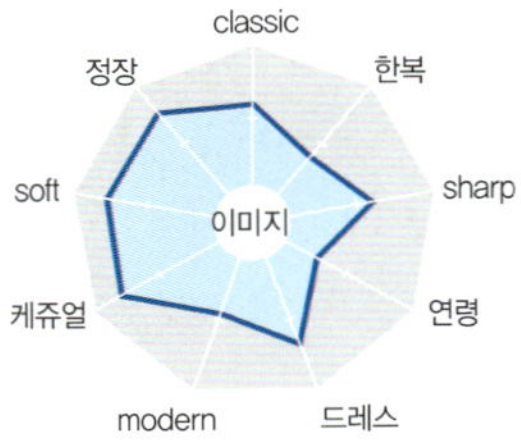

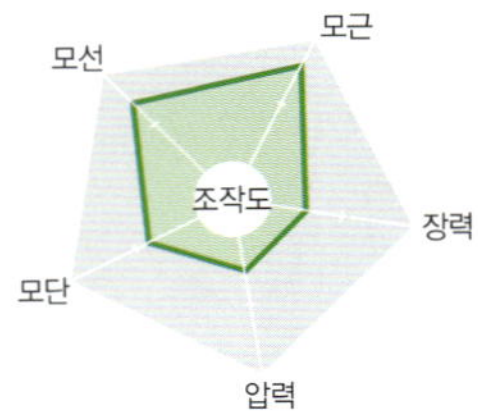

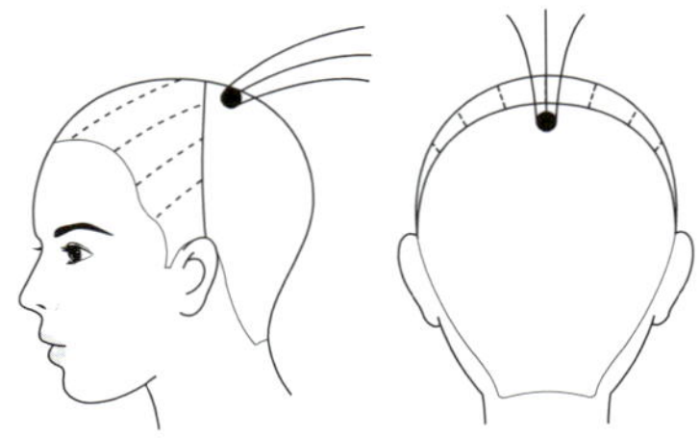

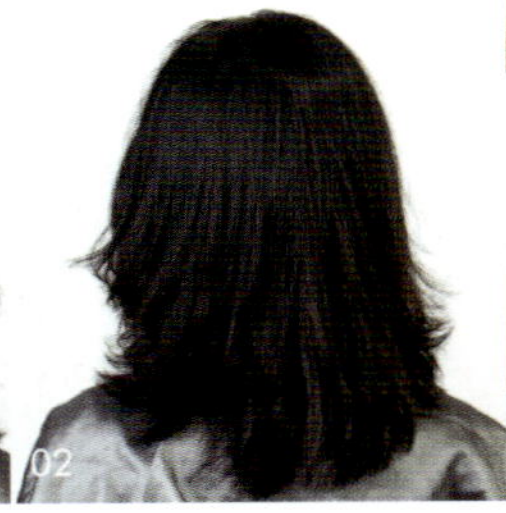

BEFORE

프런트 중심으로
모근을 살린다.

아이론으로 모근의 볼륨을 잡으면서 트위스트 웨이브를 연출한다.

질감을 나타내기 위해
컬을 만든다.

와인딩의 방향은 프런트는 뒤로, 좌우는 정중선 방향으로 한다. 경우에 따라 전두부에만 컬을 넣어
시간을 단축한다.

모근의 볼륨을 드라이로
확실하게 잡는다.

모발 전체에
로션이나 왁스 바른다.

e.t.e 블록을 나눈다.

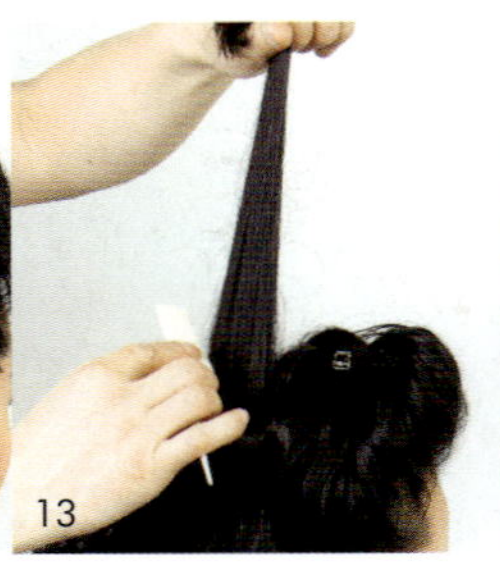

G.P를 중심으로 백콤을 넣어 볼륨을 잡는다.

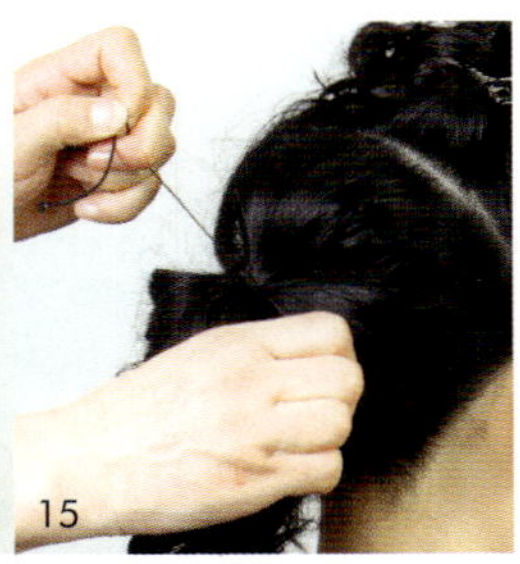

후두부의 머리를
B.P에 느슨하게 묶는다.

손가락을 넣어 뒤집은 다음 고정하여 질감을 잡는다.

정중선에서 가닥을 잡아 자연스럽게 꼰 다음 클립으로 잡는다. 질감을 확인하며 가닥빼기를 한다.

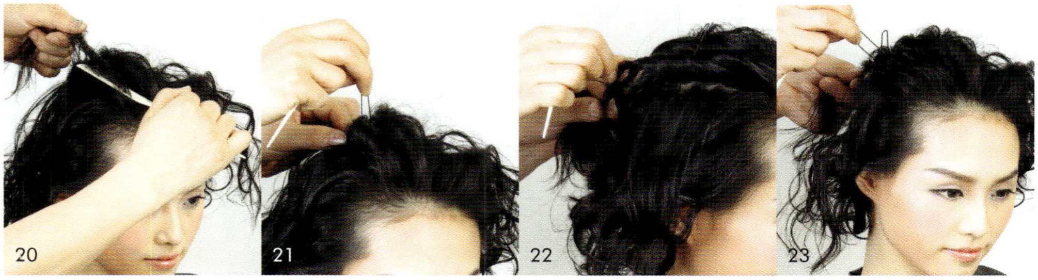

빗꼬리로 모근을 잡아 꼰다.

가닥빼기와 함께 U핀으로 임시 고정한다. 너무 많이 꼬면 자연스럽지 못하고 모속감을 살려 U핀으로 잡는다.

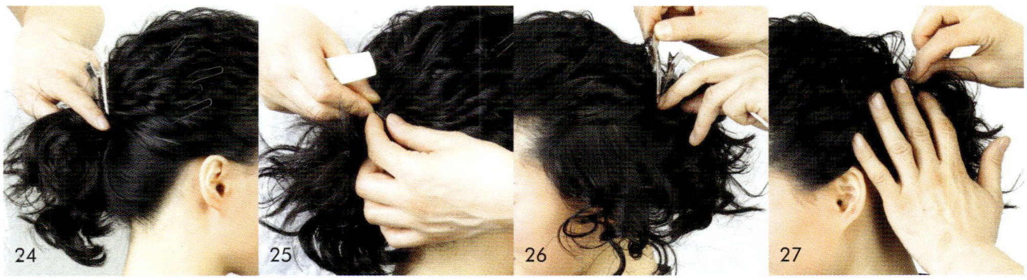

묶음에 가닥들을 모아 보비핀으로 고정한 다음 보비핀 위로 U핀을 다시 꽂는다.

가닥들을 클립으로 임시 잡은 뒤 한 번에 핀으로 고정한다.

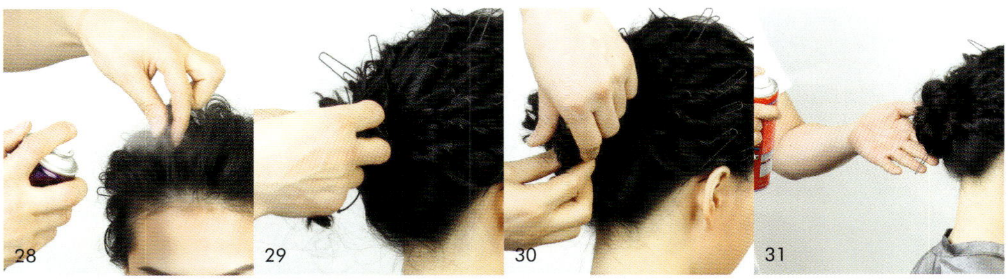

스프레이하여 드라이 열을 쐰다.

후두부의 포인트는 B.P 아래로 내려가지 않고 크지 않게 질감을 잡아 고정하는 것이다.

9. 다운 스타일

1) 소프트 다운 스타일

후두부로 편안하게 넘겨 B.P에 베이스를 두고 굵은 입체 웨이브를 떨어뜨려 세련되면서 정숙한 이미지를 나타내는 스타일이다.

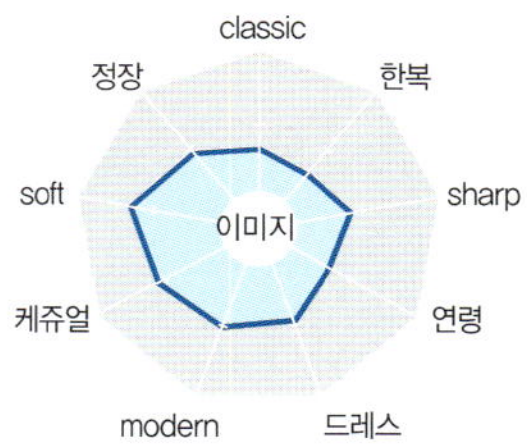

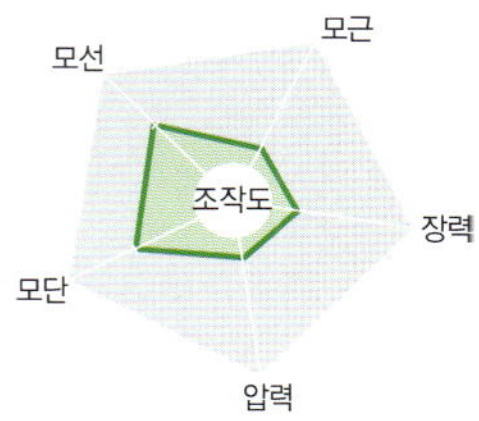

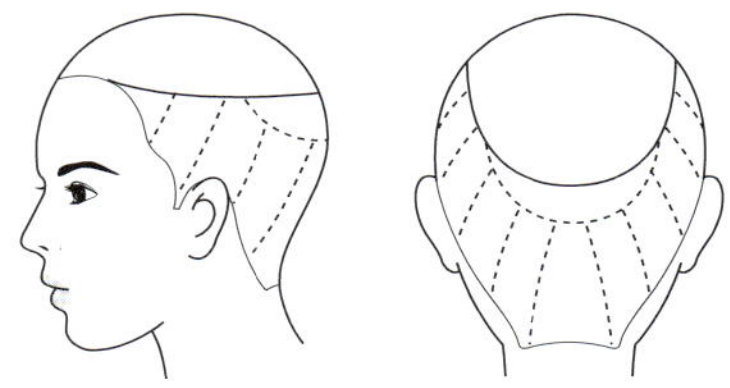

BEFORE

F.S.P에서 B.P와 G.P 중간지점까지 연결하여 블록을 잡는다.

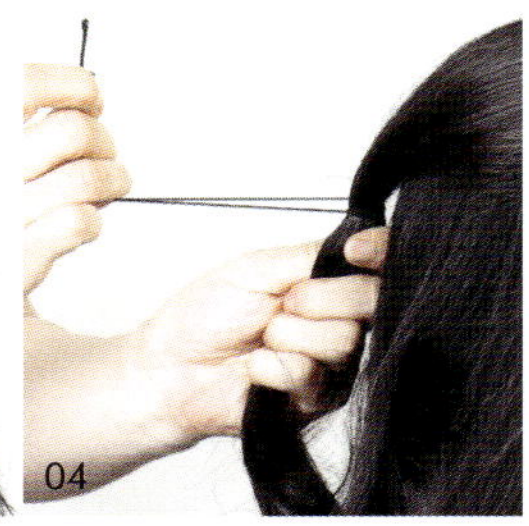

슬라이스 라인이 노출되지 않도록 느슨하게 묶는다.

3~4cm의 간격을 두고 또 한 번 묶는다.

매듭의 중간을 꺾듯이 접어 고정시킨다.

끝머리를 걷어올려 임시 고정한다.

측면의 섹션을 손가락 사이에 끼워 잡는다.

앞으로 살짝 밀면서 180도 회전한다.

한번 더 회전시켜 두피에 밀착한 후 고정한다.

12~13 느슨하게 텐션을 잡고 뒤집듯이 하여 고정한다.

좌우의 측면을 루즈꼬기 기법으로 진행한다. 〈103쪽 루즈 꼬기 참조〉

두정부와 양 사이드 끝머리를 임시 고정하고 B.P를 중심으로 또 하나의 섹션을 잡는다.

16~17 백 사이드 좌우에 모근 백콤을 넣은 후 핀을 꽂아 백 사이드가 좁아지지 않도록 한다.

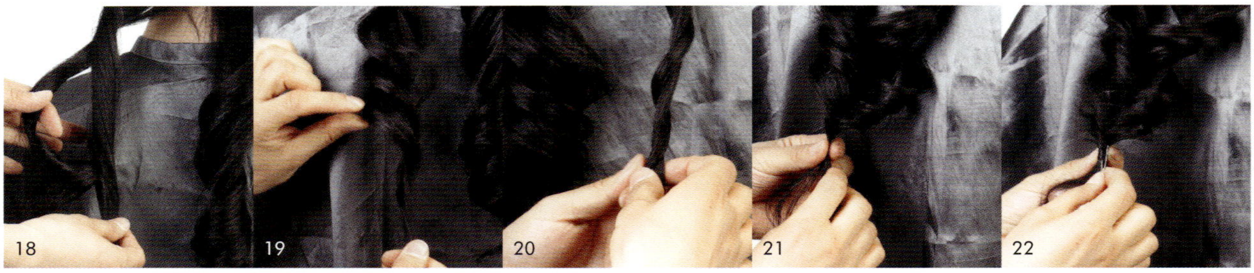

좌측 백 사이드를 느슨하게 새끼꼬기를 하여 가닥빼기를 진행한다.

우측과 동일한 방법으로 진행하여 좌우는 스타일의 베이스역할로 폭이 좁지 않도록 주의한다.

두 가닥을 머리카락으로 감아 돌린 다음 핀으로 꽂아 고정한다.

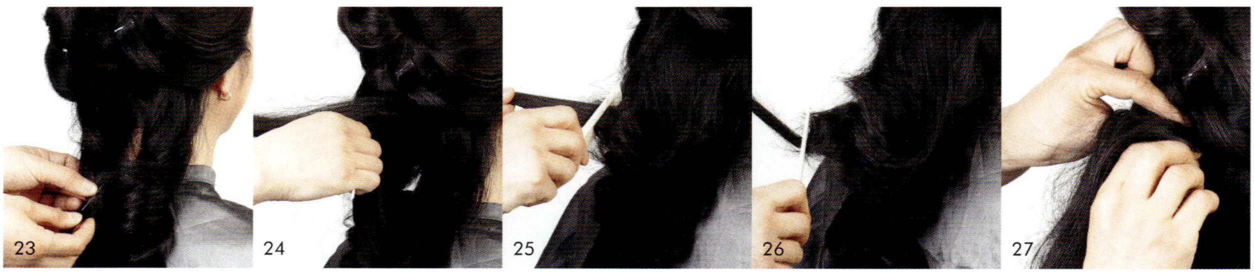

중간 부위에도 핀으로 좌우 가닥을 연결시킨다.

중간의 섹션에 모근 백콤을 넣어 볼륨과 핀이 자리할 토대를 만든다.

25~26 웨이브의 흐름에 따라 지그재그형식의 무장력 상태로 면 백콤을 넣는다.

모근을 들어올려 핀을 꽂아 모발이 위에서 떨어지게 한다.

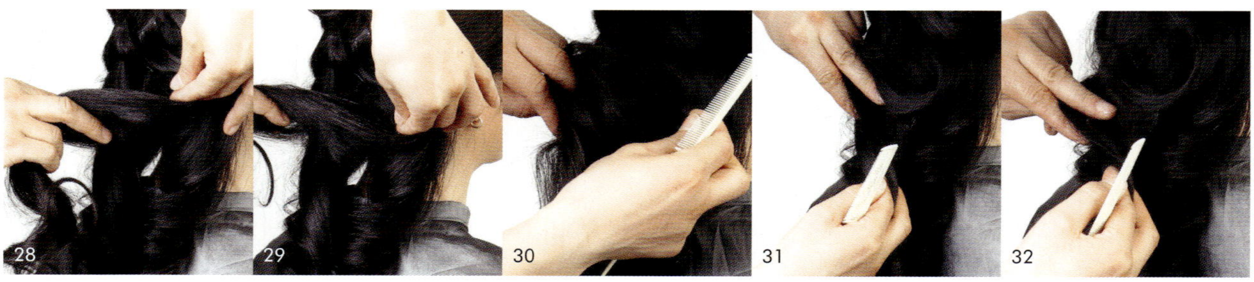

28~30 두 손 검지와 중지에 섹션을 끼워 잡아 찢듯이 하며 손을 틀어 C컬을 만든 후 U핀으로 임시 고정한다.

다시 반대 방향으로 동일하게 진행하여 입체 웨이브를 만든다.

32~33 오른손으로 뒤집어서 가져오면 다시 뒤집어 가져가는 방식으로 반복하면서 입체 웨이브를 만들어 나간다.

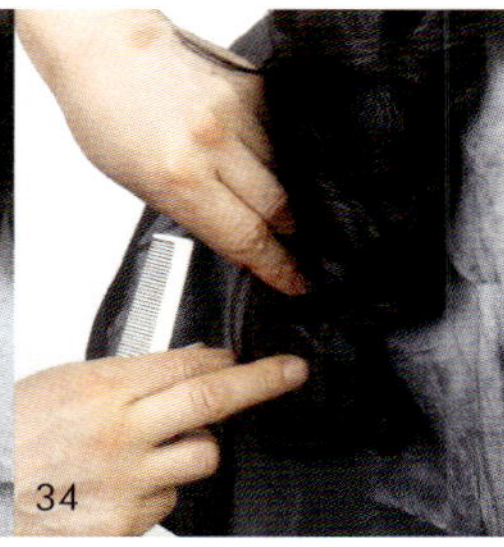

끝까지 진행하면서 임시 U핀으로
고정한 후 스프레이를 한다.

백콤 만으로
일차 웨이브를 만든다.

모근을 들어올려 핀으로 고정한다.

37~39 손가락으로 끼워 찢듯이 하여 틀고 오른손이 잡았던 위치를 다시 왼손이 잡고,
오른손은 틀기를 반복하면서 입체 웨이브를 만들어 나간다.

40~41 U핀만으로는 고정이 어렵기 때문에 보비핀으로 하단의 모발과
함께 잡아 고정시킨다.

마지막 상단에 백콤을 넣은 후 면 넓히기로 펼친다.

상단과 하단의 공간을 없애는
핀꽂기를 한다.

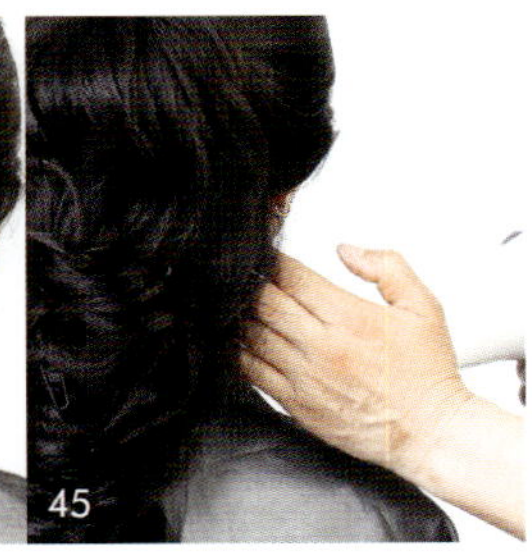

전체적인 스프레이 후 드라이
열을 쐰다.

2) 하드 다운 스타일

다운 스타일에서 나타나는 상위의 빈약함을 돔으로 커버하여 얼굴형을 보완하고,
세련되고 우아한 이미지를 주는 스타일이다.

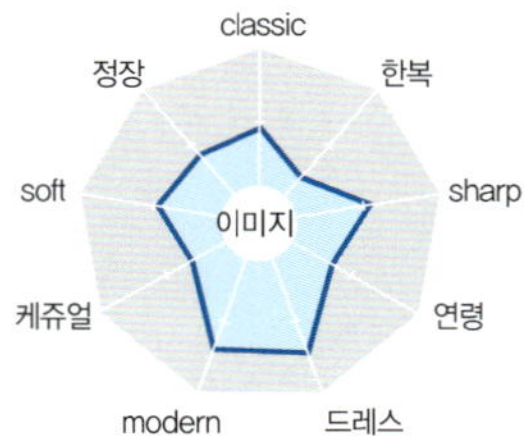

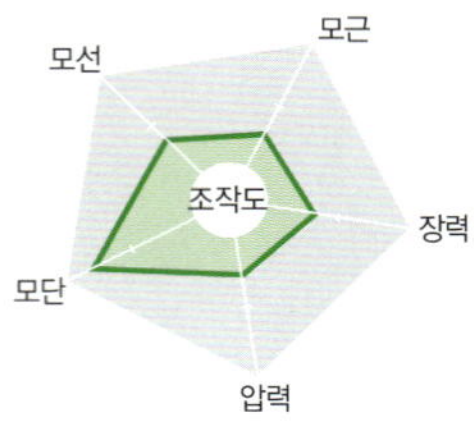

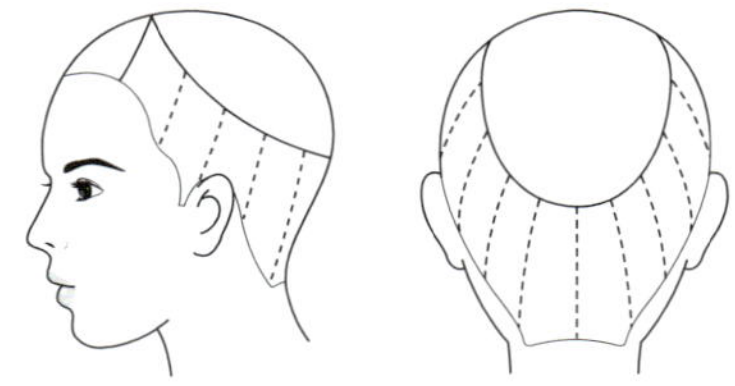

BEFORE

프런트의 뒤부터 안쪽 영역을
잡아 G.P에 묶는다.

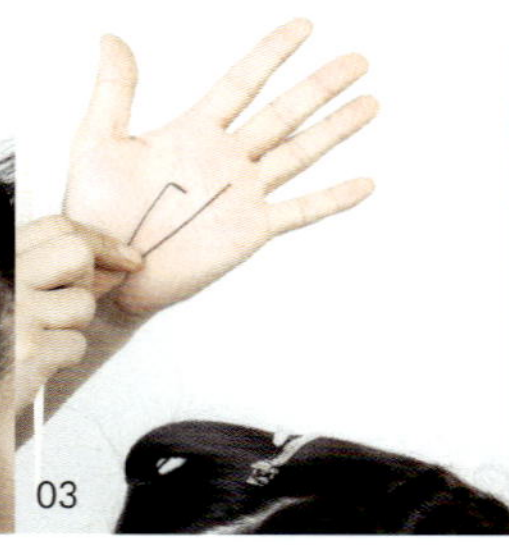

U핀을 꺾어 고정 핀을 만든 다음 묶음다발을 앞으로 넘겨 고정시킨다.

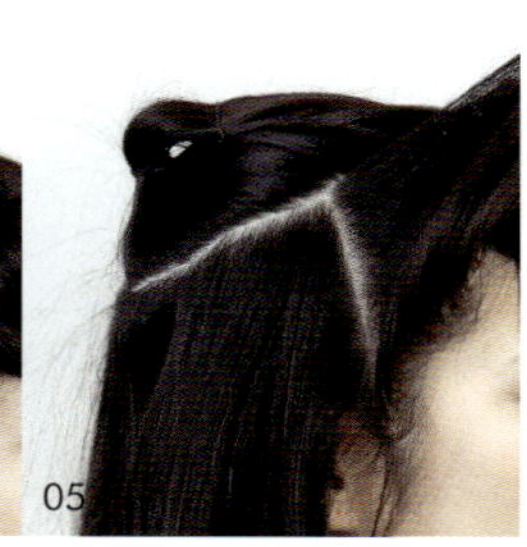

사선 슬라이스한다.

페이스 라인에 왁스를 바른 다음
면을 정리한다.

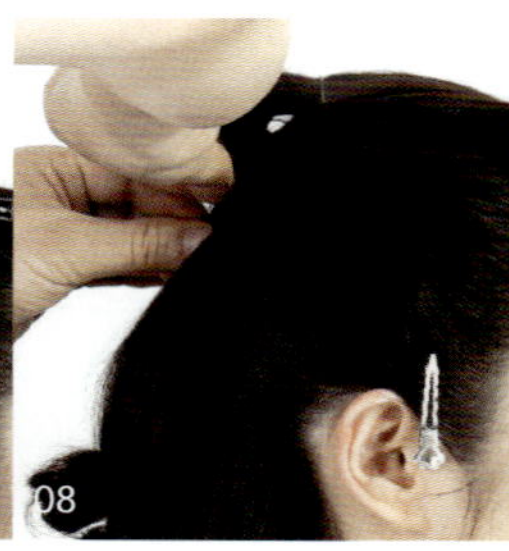

스틱을 넣어 꺾은 다음 묶음의 측면을 토대 삼아 고정한다.
우선 우측 사이드를 연출하고 좌측으로 넘어간다.

좌측의 스틱꺾기를 진행한다.

두상 형태에 맞는 반달 모양의
머릿솜을 만든다.

머릿솜을 G.P에 움직임이
없도록 고정한다.

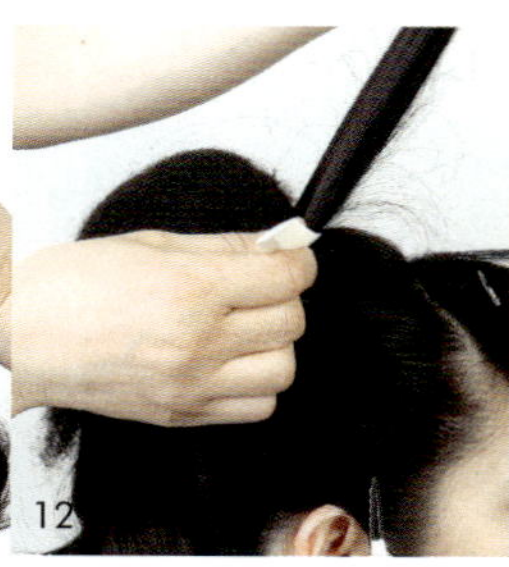

머릿솜을 빗꼬리로 눌러 머리 다발을 뒤로 넘겨 잡는다.

왼손의 자연장력으로 잡고 엄지와 검지로 우측 면부터 면 넓히기를
진행한다.

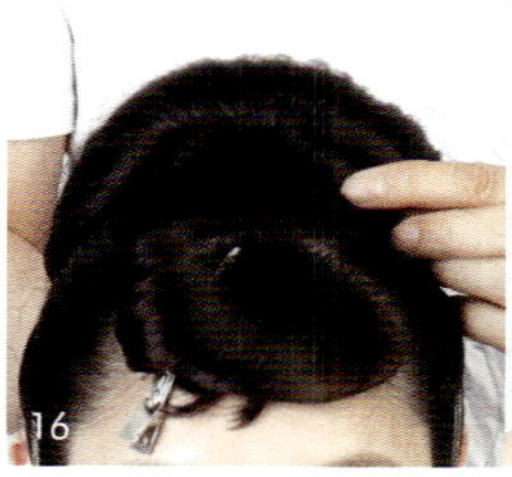

16 손을 바꿔 잡아 좌측을 진행한다.

17 돔의 하단을 꼬아 고정시킨다.

18 후두부에 머릿솜을 올려 토대를 만든다.

19

20

백 사이드의 볼륨을 감안하여 힘을 가하지 않고 잡아 고정한다.

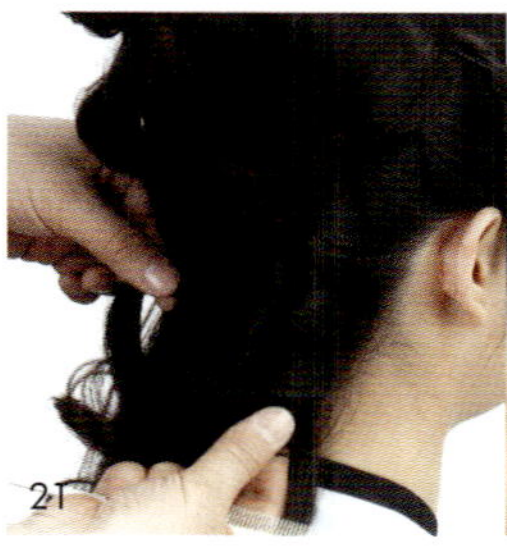

21 섹션에 손가락을 넣어 좁은 면을 넓게 편다.

22 반대편도 동일한 방법으로 진행한다.

23 끝머리의 가닥을 나누어 입체 웨이브형태로 배열한다.

24

25

양손 엄지와 검지에 섹션을 끼워 넣고 엇갈린 방향으로 틀면서 찢듯이 반복하면서 웨이브를 임시 U핀으로 고정한다.
〈134쪽 입체웨이브의 연출기법 참조〉

26

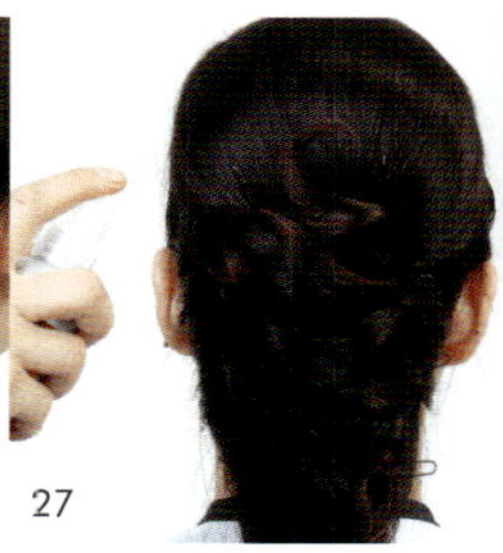

27

스프레이는 진행 중에 뿌리는 경우보다 마무리단계에서 사용하는 것이 일반적이다.

28 드라이를 쐬어 웨이브 형태를 잡는다.

29 프런트의 측면 흐름으로 뱅을 연출하여 마무리한다.

30 꼽았던 U핀을 제거하고 갈고리핀으로 교체한다.

10. 첩지머리 – 쪽머리

문화의 다양성과 개성의 추구변화로 우리의 한복에 전통 쪽머리를 연출하는 경향이 많아졌다. 전통문화 보호 차원에서도 헤어전문가는 쪽머리 스타일 정도의 연출능력은 갖춰야 되지 않을까? 첩지를 제외하면 일반 쪽머리 연출이 되기 때문에 쪽머리와 겸하여 첩지를 달아 첩지머리로 재현한다.

왁스와 로션을 섞어 모발 전체에 고루 도포한다.

헴 라인과 전두부를 중심으로 왁스를 바른다.

T.P까지 센터파트를 나눈다.

T.P 뒤에서 정중선을 따라 후두부 방향으로 빗는다.

네이프 라인에 검지 라인을 받치고 모발을 모은다.

60쪽 센타파트 'C'의 그림처럼 방사선으로 빗는다.

네이프 라인에 모발을 모으면서 파트라인 부위에서 사이드, 후두부의 흐름으로 빗어 결을 정리한다.

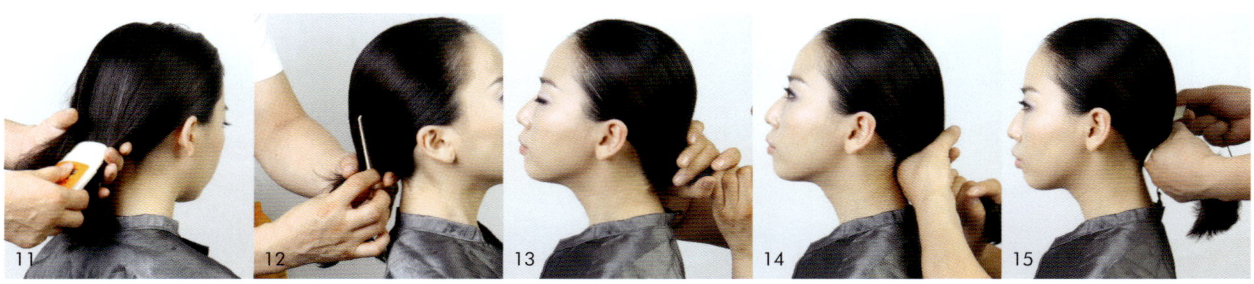

층이 있는 모발 끝의 차분한 정리를 위해 왁스를 바른다.

마무리 빗질 단계에서는 고개를 뒤로 젖히고 모속을 잡아 빗는다.

두정부의 면을 쓸어 담듯 손을 바꿔 잡는다.

타이트한 고정을 위해 빗 꼬리를 찌른다.

끈 고무줄을 빗 안쪽으로 감아 돌려 타이트하게 조이고 빗을 뺀 다음 묶는다.

끝머리를 세 가닥으로 땋는다.

묶음 자리에 망을 건 다음 끝머리를 감싸 깔끔하게 정리한다.

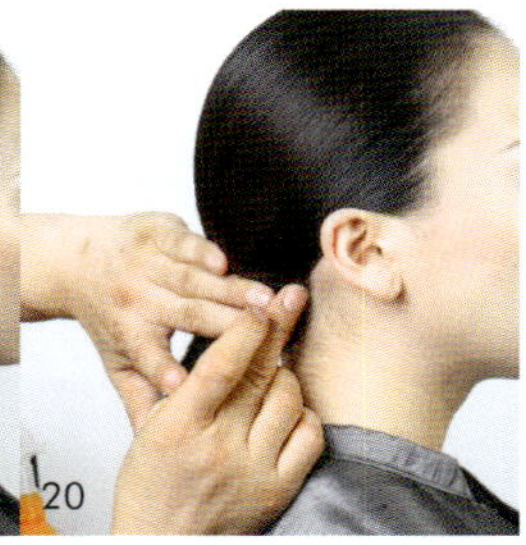

백 사이드의 늘어진 부분을 핀으로 고정한다.

N.P에서 3cm 정도 뒤로 물러나 정중선 위에 첩지를 올려 고정한다.

스몰핀으로 첩지의 측면을 핀 감춰 꽂기로 고정한다.

첩지 끝머리를 망으로 다시 감싸 정리하여 쪽의 토대로 삼는다.

달비를 토대 위에 올려 U핀으로 고정한다.

토대와 달비를 하나로 묶는다.

손바닥으로 달비를 받치고 오른손으로는 달비 끝을 잡는다.

왼손으로 달비 끝을 토대 밑에서 받쳐 잡는다.

토대 절반까지 댕기를 감아 돌리고 끝자락을 핀으로 고정한다.

왼손으로 토대 끝자락 댕기를 받쳐 잡고 오른손으로 댕기를 잡는다.

양 방향에서 맞당겨 쪽의 밸런스와 형을 잡는다.

맞잡은 힘의 상태에서 비녀를 꽂아 틀을 유지시킨다.

장식꽂이를 좌측에 꽂고 비녀의 밸런스를 유지시킨다.

투 블럭으로 본 업스타일의 작업 패턴성향

하위 쪽(시뇽) 패턴
하위 양감 패턴
하위업스타일

참고문헌

논문

김명주(1997). 한국여성의 헤어스타일 조형성에 관한 연구. 조선대하교 교육대학원. 교육석사학위 논문.
김수남(2007). 현대미술에 나타난 선(線)의 표현양상. 한국교원대학교 대학원. 석사학위논문
김형숙(1987). 미술작품의 착시에 관한 사례연구. 숙명여자대학교 대학원. 석사학위논문.
서윤경(2003). 여대생의 성격 유형에 따른 헤어스타일과 헤어 칼라와의 관계. 숙명여자대학원 석사학위 논문.
윤혜경(2002). 영화예술에 관한 형태 심리학적 접근. 서울대학교 대학원. 문학석사 학위논문.
정희윤(2007). 게슈탈트의 완결성 원리를 적용한 일러스트레이션 표현연구. 이화여자대학교대학원. 석사학위 논문.
최혜정(2005). Visual Illusion의 심리적 유인 효과에 관한 연구. 숙명여자대학교 대학원 석사학위 논문
안현경(2006). 헤어스타일 연출에 관한 연구. 이화여자대학교 대학원 이학박사 학위논문.

단행본

김미옥. 백숙자(2000). 입체조형의 이해. 서울 : 그루.
김학성, 오천학(1994). 형의 발상. 서울 : 창미.
김해성(1998). 현대미술을 보는 눈. 서울 : 열하당.
김춘일, 박남희(2006). 조형의 기초와 분석. 서울 : 미진사.
권 민(1980). 조형심리. 서울 : 동국출판사.
민경우(2003). 디자인의 이해. 서울 : 미진사.
오근제(2001). 인간의 시각 조형의 발견. 서울 : 미진사.
지상현(2002). 시각예술과 디자인의 심리학. 서울 : (주)민음사.
최병식(1998). 미술의 이해. 서울 : 숙명여자대학교 출판부.
루돌프 아른하임(1995). 김춘일옮김. 미술과 시지각. 서울 : 미진사.
손미경(2007). 고전머리따라하기. 서울 : 미디어 뷰.
이규용(2008). 디자인 컨트롤. 서울 : 드림북 매니아.

국외

富田 知子 外4名(2001). 美容表現における黃金分割の応用. 東京 : 山野美容芸術短期大學.
加藤 茂(2006). 造形の 構造. 京都 : 晃洋 書房.
大智 浩(1971). 視覺の 法則. 東京 : 白揚社
本明 寬(1974). 造形心理學 入門. 東京 : 美術出版社
信龍淳二(1990). 信龍淳二の アップ スタイル. 東京 : 新美容出版(株)
小河原正光(1990). SENSITIVE LONG HAIR. 東京 : 女性モード社
近江源太郎(1990). 造形心理學. 東京 : 福村出版
小林嗣辛(1990). 理,美容의 造形과 色彩. 東京 : 日本理美容教育center.
白坂春光(1998). セット デザインを マスターする. 東京 : 女性モ□ド社
木堅本勝己(2001). hair designの ヒミツ. 東京 : 百日草

- 열두손가락업스타일 기술편
- 열두손가락업스타일 형의 비밀편
- 열두손가락업스타일 브레이드 & 세미업스타일편

업스타일 정석

2013년 3월 14일 1판 1쇄 인 쇄
2016년 3월 2일 1판 2쇄 발 행

지 은 이 : 김 환 · 장 선 엽 · 이 현 진
펴 낸 이 : 박 정 태

펴 낸 곳 : **광 문 각**

10881
경기도 파주시 파주출판문화도시 광인사길 161
광문각 B/D 4층
등 록 : 1991. 5. 31 제12-484호
전 화(代) : 031) 955-8787
팩 스 : 031) 955-3730
E - mail : kwangmk7@hanmail.net
홈페이지 : www.kwangmoonkag.co.kr

ISBN : 978-89-7093-723-6 93590

값 : 32,000원

한국과학기술출판협회회원